网络专业校企合作开发项目式教学系列教材

防火墙与VPN技术实训教程

主　编　白树成
副主编　杨宝强
参　编　邵长文　刘学普　孙景祥

電子工業出版社
Publishing House of Electronics Industry
北京 · BEIJING

内容简介

本书基于“项目导向、任务驱动”的项目化教学方式编写而成，体现“基于工作过程”，“教、学、做”一体化的教学理念。

本书依托 H3C 网络学院和华网智通信集团相关项目，以 H3C 防火墙 F-100C 为实验平台对防火墙与 VPN 技术的应用进行了详细讲解。内容划分 18 个教学项目，具体内容包括：

项目一 安全区域配置、项目二 ACL 包过滤、项目三 网络地址转换、项目四 通过 NAT 对外提供 www 服务、项目五 IPSEC + IKE 功能的配置、项目六 IKE Keeplive 功能的配置、项目七 IPSec VPN 野蛮模式 NAT 穿越、项目八 IPSec 多网段独立保护功能的配置、项目九 路由器拨号接口上 IPSec 功能的配置、项目十 GRE 协议实训、项目十一 L2TP 协议实训、综合项目一 L2TP OVER IPSEC 功能配置、综合项目二 H3C SecPath GRE over IPSec 实训、综合项目三 H3C SecPath IPSec over GRE 实训、项目十二 L2TP 穿过 NAT 接入 LNS 功能配置、项目十三 L2TP 多域接入功能的配置、综合项目四 GRE Over IPSec + OSPF 功能的配置、综合项目五 IPSec Over GRE + OSPF 功能的配置。每个项目案例按照“项目提出”、“项目分析”、“项目实施”三部曲展开。读者能够通过项目案例完成相关知识的学习和技能的训练，每个项目案例来自企业工程实践，具有典型性、实用性、趣味性和可操作性。

本书既可以作为高职院校计算机应用专业和网络技术专业理论与实践一体化教材使用，也可供相关领域的工程技术人员学习、参考。

图书在版编目 (CIP) 数据

防火墙与 VPN 技术实训教程 / 白树成主编. —北京：电子工业出版社，2014.7

网络专业校企合作开发项目式教学系列教材

ISBN 978-7-121-23015-8

I. ①防… II. ①白… III. ①计算机网络－安全技术－高等学校－教材②虚拟网络－高等学校－教材 IV. ①TP393

中国版本图书馆 CIP 数据核字（2014）第 080458 号

策划编辑：王羽佳

责任编辑：郝黎明

印　　刷：北京虎彩文化传播有限公司

装　　订：北京虎彩文化传播有限公司

出版发行：电子工业出版社

北京市海淀区万寿路 173 信箱　　邮编：100036

开　　本：787×1 092　1/16　印张：6.5　字数：166.4 千字

版　　次：2014 年 7 月第 1 版

印　　次：2022 年 7 月第 9 次印刷

定　　价：25.00 元

凡所购买电子工业出版社图书有缺损问题，请向购买书店调换。若书店售缺，请与本社发行部联系，联系及邮购电话：(010)88254888。

质量投诉请发邮件至 zlts@phei.com.cn，盗版侵权举报请发邮件至 dbqq@phei.com.cn。

服务热线：(010)88258888。

前　言

随着Internet迅猛发展和网络社会化的到来，网络已经无所不在地影响着社会的政治、经济、文化、军事、意识形态和社会生活等各个方面。同时在全球范围内 ，针对重要信息资源和网络基础设施的入侵行为和企图入侵行为的数量仍在持续不断增加，网络攻击与入侵行为对国家安全、经济和社会生活造成了极大的威胁。因此，网络安全已成为世界各国当今共同关注的焦点。

防火墙技术与相关VPN技术对于一个企业的重要性也日益凸显，因此，本教材介绍了常见的防火墙应用技术和VPN技术，在一定程度上来保障企业信息安全。

该教材有如下特色。

1．体现“项目导向、任务驱动”的教学特点。

从实际应用出发，从工作过程出发，从项目出发，采用“项目导向、任务驱动”的方式，通过“项目提出”、“项目分析”、“项目实施”三部曲展开教学。在教学设计上，以工作过程为参照系来组织和讲解知识，培养学生的职业技能和职业素养。

2．体现“教、学、做”一体化的教学理念。

以学到实际技能、提高职业能力为出发点，以“做”为中心，教和学都围绕着做，在学中做，在做中学，从而完成知识学习，技能训练和提高职业素养的目标。

3．本书体例采用项目案例形式。

全书设有十八个项目案例（含五个综合项目），教学内容安排由易到难、由简单到复杂，循序渐进。学生能够通过项目学习，完成相关知识的学习和技能的训练。

4．项目案例的内容体现典型性、实用性、趣味性和可操作性。

本书力求体现教材的典型性、实用性、趣味性和可操作性。根据职业教育的特点，针对企业网络安全需求的实际应用，编写防火墙与VPN技术课程的实用型教材。减少枯燥难懂的理论，重点对网络服务的搭建、配置与管理进行全面细致的讲解，理论联系实际多一些，突出工程实践案例的实训。

5．符合高职学生认知规律，有助于实现有效教学。

本书打破传统的学科体系结构，将各知识点与操作技能恰当地融入各个项目中，突出现代职业教育的职业性和实践性，强化实践，培养学生实践动手能力，适应高职学生的学习特点，在教学过程中注意情感交流，因材施教，调动学生的学习积极性，提高教学效果。

本书是廊坊职业技术学院教师与企业工程师共同策划编写的一本工学结合教材。

本书项目一由杨宝强编写，项目二由邵长文编写，项目三、四由刘学普编写，项目五由孙景祥编写，项目六到十八由白树成编写。廊坊职业技术学院的张昕教授在百忙之中对全书进行了审阅。在本书的编写过程中，企业工程师杨宝强提出了许多宝贵意见，电子工业出版社的王羽佳编辑为本书的出版做了大量工作。在此一并表示感谢！

本书的编写过程中参阅了大量近年来出版的相关技术资料，吸取了许多专家和同仁的宝贵经验，在此向他们深表谢意。

由于计算机网络技术发展迅速，作者学识有限，书中误漏之处难免，望广大读者批评指正。

编　者

2014 年 7 月

目　　录

项目一　安全区域配置……1
项目二　ACL 包过滤……5
项目三　网络地址转换……9
项目四　通过 NAT 对外提供 www 服务……13
项目五　IPSEC + IKE 功能的配置……18
项目六　IKE Keepalive 功能的配置……23
项目七　IPSec VPN 野蛮模式 NAT 穿越……26
项目八　IPSec 多网段独立保护功能的配置……31
项目九　路由器拨号接口上 IPSec 功能的配置……36
项目十　GRE 协议实训……40
项目十一　L2TP 协议实训……44
综合项目一　L2TP OVER IPSec 功能配置……52
综合项目二　H3C SecPath GRE over IPSec 实训……59
综合项目三　H3C SecPath IPSec over GRE 实训……64
项目十二　L2TP 穿过 NAT 接入 LNS 功能配置……69
项目十三　L2TP 多域接入功能的配置……73
综合项目四　GRE Over IPSec + OSPF 功能的配置……81
综合项目五　IPSec Over GRE + OSPF 功能的配置……88
项目实训报告的基本内容及要求……95

项目一　安全区域配置

1.1　项目提出

某公司新购买了 H3C SecPath 防火墙，该防火墙是业界功能最全面、扩展性最好的防火墙/VPN 产品，集成防火墙、VPN 和丰富的网络特性，为用户提供安全防护、安全远程接入等功能。工程师小王为了更好地为公司服务，给其他技术人员讲解，首先要了解该公司防火墙的特征与基本配置方法。

1.2　项目分析

1．项目实训目的

掌握 H3C 防火墙 SecPath F100-C 的面板与接口；
掌握在 H3C 路由/防火墙上配置安全区域的方法。

2．项目实现功能

更改防火墙配置，把接口加入/删除 安全区域；PCA ping 通 PCB。

3．项目主要应用的技术介绍

防火墙安全域：安全域（zone）是防火墙产品所引入的一个安全概念，是防火墙产品区别于路由器的主要特征。一个安全区域包括一个或多个接口的组合，具有一个安全级别。在设备内部，安全级别通过 0～100 的数字来表示，数字越大表示安全级别越高。

一般来讲，安全域与各网络的关联遵循下面的原则：内部网络应安排在安全级别较高的区域、外部网络应安排在安全级别最低的区域。具体来说，Trust 所属接口用于连接用户要保护的网络；Untrust 所属接口连接外部网络；DMZ 区所属接口连接用户向外部提供服务的部分网络；从防火墙设备本身发起的连接即是从 Local 区域发起的连接。相应的所有对防火墙设备本身的访问都属于向 Local 区域发起访问连接。

1.3　项目实施

1．项目拓扑图

安全区域配置如图 1-1 所示。

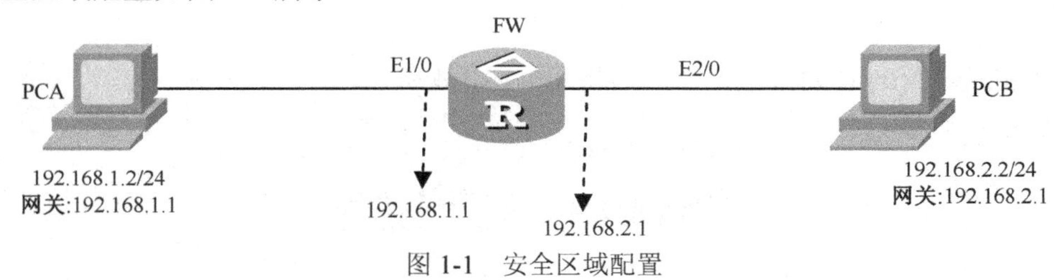

图 1-1　安全区域配置

2．项目实训环境准备

一台防火墙 SecPath F100-C，两台 PC。

为了不受原来的配置影响，在实训之前先将所有的配置数据擦除后重新启动，命令为：reboot。

3．项目主要实训步骤

任务一　认识 H3C SecPath F100-C 防火墙前面板与接口，H3C SecPath SecPath F100-C 防火墙硬件特性

（1）H3C SecPath F100-C 防火墙前面板如图 1-2 所示。

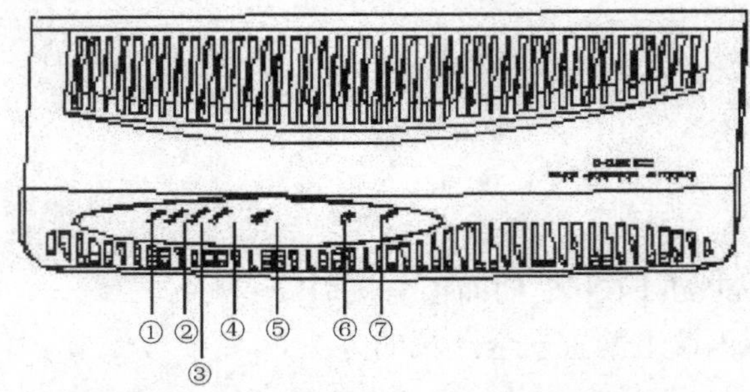

① 以太网口指示灯 LAN3　② 以太网口指示灯 LAN2
③ 以太网口指示灯 LAN1　④ 以太网口指示灯 LAN0
⑤ 以太网口指示灯 WAN　⑥ 系统运行指示灯 SYS
⑦ 电源指示灯 PWR

图 1-2　H3C SecPath F100-C 防火墙前面板

（2）H3C SecPath F100-C 防火墙后面板如图 1-3 所示。

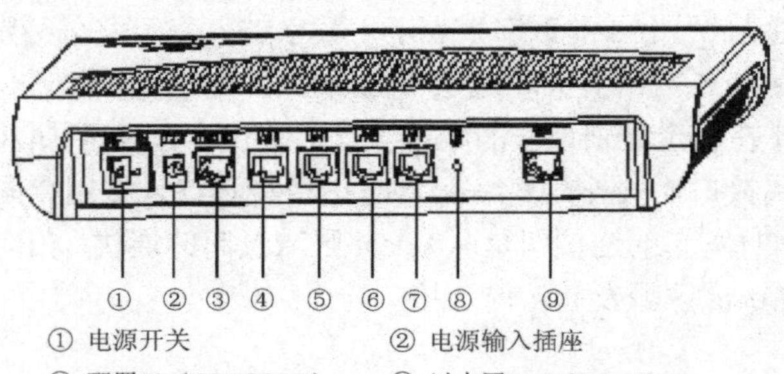

① 电源开关　② 电源输入插座
③ 配置口（CONSOLE）　④ 以太网口 0（LAN0）
⑤ 以太网口 1（LAN1）　⑥ 以太网口 2（LAN2）
⑦ 以太网口 3（LAN3）　⑧ 接地端子
⑨ 广域网口（WAN）

图 1-3　H3C SecPath F100-C 防火墙后面板

H3C SecPath F100-C 防火墙后面板实物图如图 1-4 所示。

图 1-4　H3C SecPath F100-C 防火墙后面板实物图

（3）指示灯含义和接口。

H3C SecPath F100-C 防火墙的指示灯共有 7 个，其含义如表 1-1 所示。

表 1-1　防火墙指示灯含义表

指示灯	含义
PWR 灯	灭：表示电源未接通； 亮：表示电源已接通
SYS 灯	闪烁：表示系统正常运行； 常亮或常灭：表示系统工作不正常
LAN0/LAN1/LAN2/LAN3/WAN 灯	灭：表示链路没有连通； 常亮：表示链路已经连通； 闪烁：表示接口有数据收发

如图 1-3 所示，H3C SecPath F100-C 防火墙主要接口包括 1 个配置口、1 个 10M 以太网口（WAN 口）和 4 个 10/100M 以太网口（LAN 口，LAN0 、LAN1 、LAN2 和 LAN3）。

任务二　配置防火墙使得两台主机互通

（1）按照图 1-1 要求，配置主机 IP 地址及网关，配置防火墙名称和两个接口 IP 地址。

```
<H3C>system
System View: return to User View with Ctrl+Z.
[H3C]sysname FW
[FW]int e1/0
[FW-Ethernet1/0]ip address 192.168.1.1 24
[FW-Ethernet2/0]ip address 192.168.2.1 24
```

（2）配置安全区域。

显示防火墙区域：

```
[FW]dis zone
local
 priority is 100
#
trust
 interface of the zone is :
 priority is 85
#
untrust
 interface of the zone is :
 priority is 5
#
DMZ
 interface of the zone is :
 priority is 50
#
```

内网（Lan）接口加入 trust 区域，外网（Wan）接口加入 untrust 区域：

```
[FW]firewall zone trust
```

```
[FW-zone-trust]add int e1/0
[FW-zone-trust]qu
[FW]firewall zone  untrust
[FW-zone-untrust]add int e2/0
```

（3）验证连通性：

```
PCB ping 网关 192.168.2.1 （e2/0 地址）
Pinging 192.168.2.1 with 32 bytes of data:
Request timed out
Request timed out
PCA ping 网关 192.168.1.1 （e1/0 地址）
Pinging 192.168.1.1 with 32 bytes of data:
Request timed out
Request timed out
主机 PCA ping 主机 PCB
Pinging 192.168.2.2 with 32 bytes of data:
Request timed out
Request timed out
```

为什么会不通呢？我们看一下当前配置会发现 firewall 默认规则没有配置为 permit。

（4）更改防火墙默认规则并再次验证连通性。

```
[FW]firewall packet-filter default permit
PCB ping 网关 192.168.2.1 （e2/0 地址）
Pinging 192.168.2.1 with 32 bytes of data:
Reply from 192.168.2.1: bytes=32 time=1ms ttl=255
Reply from 192.168.2.1: bytes=32 time=1ms ttl=255
PCA ping 网关 192.168.1.1 （e1/0 地址）
Pinging 192.168.1.1 with 32 bytes of data:
Reply from 192.168.1.1: bytes=32 time=1ms ttl=255
Reply from 192.168.1.1: bytes=32 time=1ms ttl=255
PCA ping PCB
Pinging 192.168.2.2 with 32 bytes of data:
Reply from 192.168.2.2: bytes=32 time=1ms ttl=255
Reply from 192.168.2.2: bytes=32 time=1ms ttl=255
```

1.4 项目总结与提高

（1）写出主要项目实施规划、步骤与实训所得的主要结论。

（2）登录 H3C 官网查看适合不同网络规模的防火墙产品，熟悉防火墙系列产品的特点及参数，可以为不同网络工程应用进行设备的选型。

项目二　ACL 包过滤

2.1　项目提出

网络工程师小王使用公司防火墙，为实现 ACL 包过滤功能，对内网地址 192.168.1.2/24 访问外网做限制，使其无法访问所有 WEB 界面。

2.2　项目分析

1．项目实训目的

掌握 H3C 防火墙配置 ACL 包过滤功能的配置。

2．项目实现功能

FW 内网地址为 192.168.1.1/24；公网地址为 192.168.2.1/24，配置 acl 包过滤，使 IP 地址 192.168.1.2 不能访问 Web 页面，但可以进行其他通信。

3．项目主要应用的技术介绍

ACL：访问控制列表（Access Control List，ACL）是路由器和防火墙接口的指令列表，用来控制端口进出的数据包。ACL 适用于所有的被路由协议，如 IP、IPX 等。这张表中包含了匹配关系、条件和查询语句，表只是一个框架结构，其目的是为了对某种访问进行控制。

ACL 主要包含以下几种。

基本 ACL：是只根据报文的源 IP 地址信息来制定规则的；

高级 ACL：根据报文的源 IP 地址，目的 IP 地址，IP 承载的协议类型，协议的特征等三、四层信息制定规则；

二层 ACL：根据报文的源 MAC 地址，目的 MAC 地址，VLAN 优先级，二层协议类型等信息制定规则；

用户自定义 ACL：可以以报文的头、IP 头等为基准，指定从第几个字节开始与掩码进行“与”操作，将报文提取出来的字符串和用户定义的字符串进行比较，找到匹配的报文。

2.3　项目实施

1．项目拓扑图

ACL 包过滤拓扑如图 2-1 所示。

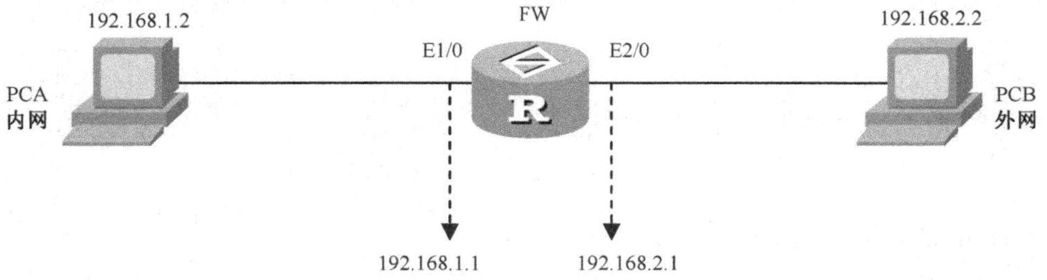

192.168.1.2
PCA
内网
FW
E1/0
E2/0
192.168.2.2
PCB
外网
192.168.1.1
192.168.2.1

图 2-1　ACL 包过滤拓扑

2．项目实训环境准备

一台防火墙 SecPath F100-C，两台 PC。为了不受原来的配置影响，在实训之前先将所有的配置数据擦除后重新启动，命令为：“reboot”。

3．项目主要实训步骤

（1）PCA 和 PCB 按照要求配置 ip 地址。

（2）防火墙基本配置。

① 配置防火墙名称：

```
[H3C]sysname FW
```

② 把 E1/0 接口加入 trust 区域：

```
[FW]firewall zone trust
[FW-zone-trust]add int e1/0
```

③ 把 E2/0 接口加入 untrust 区域：

```
[FW]firewall zone untrust
[FW-zone-untrust]add int e2/0
```

④ 设置防火墙默认规则为 permit：

```
[FW]firewall packet-filter default permit
[FW]int e1/0
[FW-Ethernet1/0]ip addr 192.168.1.1 24
[FW]int e2/0
[FW-Ethernet2/0]ip addr 192.168.2.1 24
```

（3）PCB 主机模拟服务器，配置 webserver.exe。

打开 webserver.exe，初始界面自动关联上 PCB 的 IP 地址，如图 2-2 所示。

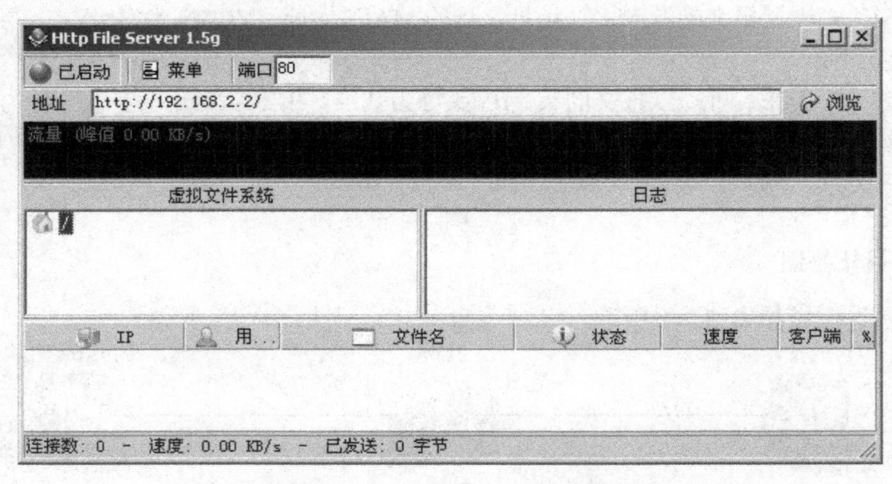

图 2-2 PCB webserver.exe 初始界面

在 Web 根目录下添加文件（index.htm），如图 2-3 所示。

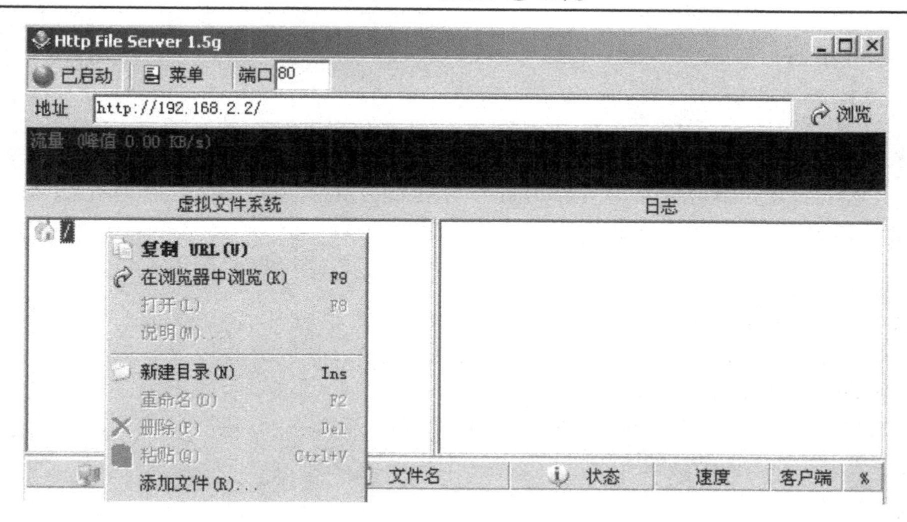

图 2-3　添加文件

添加成功并测试，发现访问记录和流量，如图 2-4 所示。

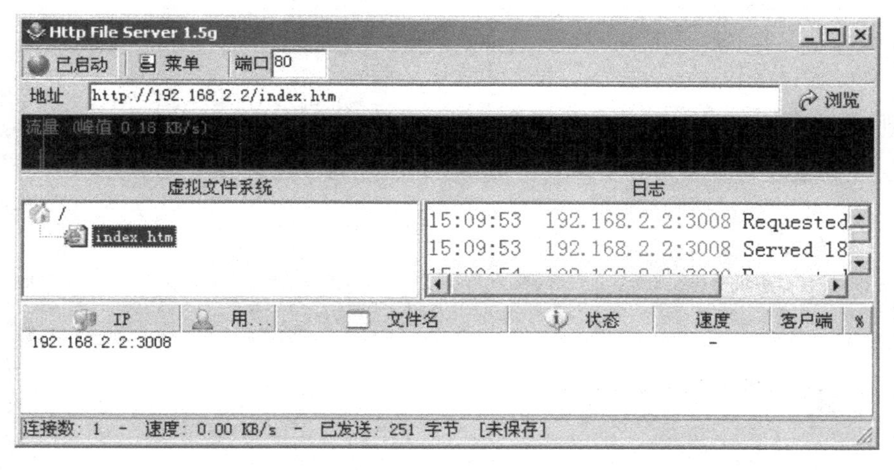

图 2-4　添加文件并测试

不配置 acl，PCA 可以访问 PCB Web 网页，如图 2-5 所示。

图 2-5　PCA 浏览 Web 服务

（4）FW 的配置。

定义基本控制列表：

```
[FW]acl number 2000
[FW-acl-basic-2000]rule 0 permit source 192.168.1.0 0.0.0.255
```

定义用于包过滤的访问控制的 ACL：

```
[FW]acl number 3005
[FW-acl-adv-3005]rule 0 deny tcp source 192.168.1.2 0 destination-port eq www
[FW-acl-adv-3005]rule 5 permit tcp source 192.168.1.2 0
[FW-Ethernet2/0]nat outbound 2000
[FW-Ethernet1/0]firewall packet-filter 3005 inbound
[FW]ip route-static 0.0.0.0 0.0.0.0 e 2/0
```

（5）验证连通性。

```
PCA ping PCB
D:\>ping 192.168.2.2
Pinging 192.168.2.2 with 32 bytes of data:
Reply from 192.168.2.2: bytes=32 time=15ms TTL=126
Reply from 192.168.2.2: bytes=32 time=12ms TTL=126
```

PCA 访问 PCB Web，如图 2-6 所示。

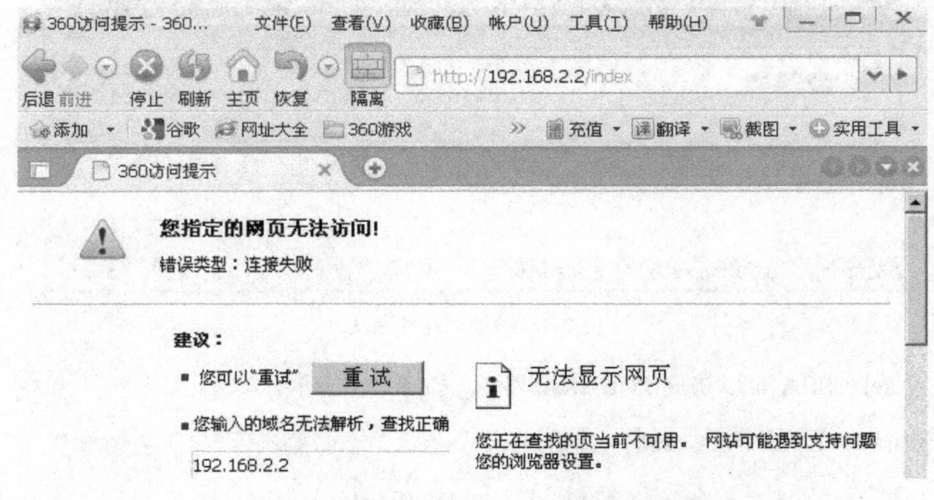

图 2-6 实施 acl 规则后 PCA 浏览 Web 服务

通过实训说明从 PCA ping PCB，可以 ping 通，但是访问 Web 却不可以实现。

2.4 项目总结与提高

（1）写出主要项目实施规划、步骤与实训所得的主要结论。

（2）思考如何禁止 PCA 主机 telnet 到 PCB 主机。

项目三　网络地址转换

3.1　项目提出

某公司搭建局域网络后，公司内部多个主机需要同时访问公网，以便充分利用互联网资源和提高工作效率，网络工程师小王经过考虑后决定配置防火墙NAT功能，使得内网用户通过NAT地址池转换或Easy IP方式来访问外网资源。

3.2　项目分析

1．项目实训目的

- 掌握H3C 防火墙 NAT地址池转换；
- 掌握H3C 防火墙Easy IP方式的配置。

2．项目实现功能

内网用户通过路由器的NAT地址池（Easy IP方式）转换来访问Internet。

3．项目主要应用的技术介绍

NAT（Network Address Translation）的功能，就是指在一个网络内部，根据需要可以随意自定义的IP地址 ，而不需要经过申请。在网络内部，各计算机间通过内部的IP地址进行通信。而当内部的计算机要与外部internet网络进行通信时，具有NAT功能的设备（如路由器或者防火墙）负责将其内部的IP地址转换为合法的IP地址（即经过申请的IP地址）进行通信。

NAT是一种私网地址与公网地址之间的一种转换，那么NAT设备就需要准备一定数量的公网地址，公网地址数的多少一方面取决于内网用户的多少，另一方面也取决于NAT设备的转换算法。NAT可以最大化地利用IPv4地址资源，节约IPv4地址数量。除此之外防火墙还具备一定的安全功能，可以隐藏局域网的拓扑结构。

H3C 防火墙主要包含以下几种NAT方式。

Basic NAT：不涉及端口的转换，其NAT转换后防火墙记录的会话数可以无限多次，但是防火墙NAT模块工作的部分只是IP地址的转换，端口并不需要防火墙处理，所以防火墙Basic NAT能够转换的最大次数只根据地址池的大小而定，也是有限次的。同时它也不能节省IP 地址。

NAPT：NAPT方式属于多对一的地址转换，通过使用“IP地址＋端口号”的形式进行转换，使多个私网用户可共用一个公网IP地址访问外网。因此是地址转换实现的主要形式。

Easy IP：NAT设备直接使用出接口的IP地址作为转换后的源地址，工作原理与普通NAPT相同，是NAPT的一种特例，适用于拨号接入Internet或动态获得IP地址的场合。

3.3 项目实施

1. 项目拓扑图

网络地址转换拓扑如图 3-1 所示。

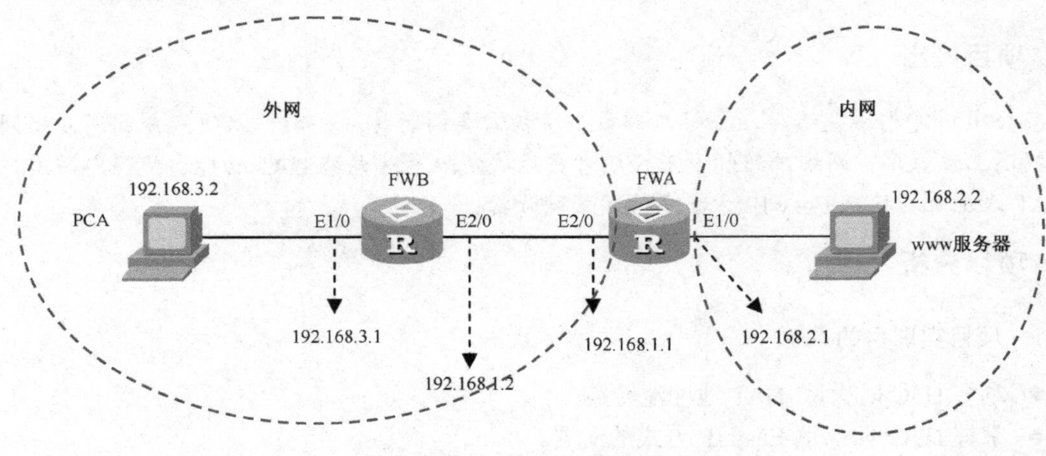

图 3-1 网络地址转换拓扑

2. 项目实训环境准备

两台防火墙 H3C SecPath F100-C，两台 PC。

3. 项目主要实训步骤

任务一 地址池方式做 NAT 的配置

（1）PCA 和 PCB 按照要求配置 IP 地址（并配置网关）。

（2）防火墙基本配置。

配置防火墙名称：

```
[H3C]sysname FWA
[H3C]sysname FWB
```

把 E1/0 接口加入 trust 区域：

```
[FWA]firewall zone trust
[FWA-zone-trust]add int e1/0
[FWB]firewall zone trust
[FWB-zone-trust]add int e1/0
```

把 E2/0 接口加入 untrust 区域：

```
[FWA]firewall zone untrust
[FWA-zone-untrust]add int e2/0
[FWB]firewall zone untrust
[FWB-zone-untrust]add int e2/0
```

设置防火墙默认规则为 permit，并在相关接口配置 IP 地址：

```
[FWA]firewall packet-filter default permit
[FWA-Ethernet1/0]ip addr 192.168.2.1 24
[FWA-Ethernet2/0]ip addr 192.168.1.1 24
[FWB]firewall packet-filter default permit
[FWB-Ethernet1/0]ip addr 192.168.3.1 24
[FWB-Ethernet2/0]ip addr 192.168.1.2 24
```

（3）FWA 和 FWB 的配置。

配置用户 NAT 的地址池：

```
[FWA]nat address-group 1 192.168.1.10 192.168.1.20
```

配置允许进行 NAT 转换的内网地址段：

```
[FWA]acl number 2000
[FWA-acl-basic-2000]rule 0 permit source 192.168.2.0 0.0.0.255
[FWA-acl-basic-2000]rule 1 deny
```

在出接口上进行 NAT 转换：

```
[FWA-Ethernet2/0]nat outbound 2000 address-group 1
```

配置静态路由：

```
[FWA]ip route-static 0.0.0.0 0.0.0.0 192.168.1.2
[FWB]ip route-static 192.168.2.0 24 192.168.1.1
```

（4）验证连通性。

内网主机 PCB ping 外网主机 PCA：

```
D:\>ping 192.168.3.2
Pinging 192.168.3.2 with 32 bytes of data:
Reply from 192.168.3.2: bytes=32 time=15ms TTL=126
Reply from 192.168.3.2: bytes=32 time=12ms TTL=126
Reply from 192.168.3.2: bytes=32 time=12ms TTL=126
```

结论：从 PCB　ping PCA，可以 ping 通。

任务二　Easy NAT 的配置

（1）PCA 和 PCB 按照要求配置 IP 地址（与任务一相同）。

（2）防火墙基本配置（与任务一相同）。

（3）FWA 和 FWB 的配置。

配置允许进行 NAT 转换的内网地址段：

```
[FWA]acl number 2000
[FWA-acl-basic-2000]rule 0 permit source 192.168.2.0 0.0.0.255
[FWA-acl-basic-2000]rule 1 deny
```

在接口 E2/0 上进行 NAT 转换：

```
[FWA-Ethernet2/0]nat outbound 2000
```

配置静态路由：

```
[FWA]ip route-static 0.0.0.0 0.0.0.0 192.168.1.2
[FWB]ip route-static 192.168.2.0 24 192.168.1.1
```

（4）验证连通性。

内网主机 PCB ping 外网主机 PCA：

```
D:\>ping 192.168.3.2
Pinging 192.168.3.2 with 32 bytes of data:
Reply from 192.168.3.2: bytes=32 time=15ms TTL=126
Reply from 192.168.3.2: bytes=32 time=12ms TTL=126
Reply from 192.168.3.2: bytes=32 time=12ms TTL=126
Reply from 192.168.3.2: bytes=32 time=12ms TTL=126
```

结论：从 PCB ping PCA，可以 ping 通。

3.4 项目总结与提高

（1）写出主要项目实施规划、步骤与实训所得的主要结论。

（2）思考 NAPT 方式与 Easy IP 方式的部署环境需求。

项目四　通过 NAT 对外提供 www 服务

4.1　项目提出

某公司随着规模扩大，在局域网内部架设了一台 www 服务器，为了使互联网用户访问公司 www 服务器，同时公司内网主机可以访问互联网，网络工程师小王决定配置防火墙 NAT 及 NAT Server 功能，使得内网用户通过 NAT 地址池转换来访问 Internet，并且通过 NAT Server 功能向外网用户提供 www 服务。

4.2　项目分析

1．项目实训目的

掌握 H3C 防火墙配置 NAT 以对外提供 www 服务。

2．项目实现功能

FW 内网地址为 192.168.2.1/24；公网地址为 192.168.1.1/24，配置 NAT 地址池转换，使内网服务器可以为外网用户提供 www 服务，内网用户也可以访问外网。

3．项目主要应用的技术介绍

NAT（Network Address Translation）的功能，就是指在一个网络内部，根据需要可以随意自定义的 IP 地址 ，而不需要经过申请。在网络内部，各计算机间通过内部的 IP 地址进行通信。而当内部的计算机要与外部 internet 网络进行通信时，具有 NAT 功能的设备（如路由器或者防火墙）负责将其内部的 IP 地址转换为合法的 IP 地址（即经过申请的 IP 地址）进行通信。

出于安全考虑，大部分私网主机通常并不希望被公网用户访问。但在某些实际应用中，需要给公网用户提供一个访问私网服务器的机会。而在 Basic NAT 或 NAPT 方式下，由于由公网用户发起的访问无法动态建立 NAT 表项，因此公网用户无法访问私网主机。NAT Server（NAT 内部服务器）方式就可以解决这个问题——通过静态配置“公网 IP 地址＋端口号”与“私网 IP 地址＋端口号”间的映射关系，NAT 设备可以将公网地址“反向”转换成私网地址。

4.3　项目实施

1．项目拓扑图

通过 NAT 对外提供 www 服务拓扑如图 4-1 所示。

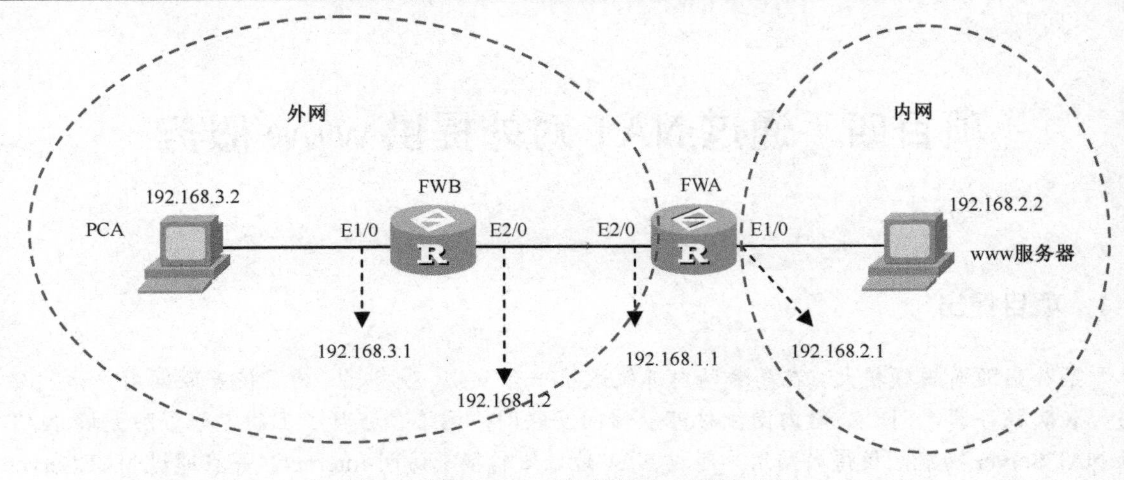

图 4-1 通过 NAT 对外提供 www 服务拓扑

2．项目实训环境准备

两台防火墙 H3C SecPath F100-C，两台 PC。为了不受原来的配置影响，在实训之前先将所有的配置数据擦除后重新启动，命令为：“reboot”。

3．项目主要实训步骤

（1）PCA 和 PCB（www 服务器）按照要求配置 IP 地址（并配置网关）

（2）防火墙基本配置。

配置防火墙名称：

```
[H3C]sysname FWA
[H3C]sysname FWB
```

把 E1/0 接口加入 trust 区域：

```
[FWA]firewall zone trust
[FWA-zone-trust]add int e1/0
[FWB]firewall zone trust
[FWB-zone-trust]add int e1/0
```

把 E2/0 接口加入 untrust 区域：

```
[FWA]firewall zone untrust
[FWA-zone-untrust]add int e2/0
[FWB]firewall zone untrust
[FWB-zone-untrust]add int e2/0
```

设置防火墙默认规则为 permit，并在相关接口配置 IP 地址。

```
[FWA]firewall packet-filter default permit
[FWA-Ethernet1/0]ip addr 192.168.2.1 24
[FWA-Ethernet2/0]ip addr 192.168.1.1 24
```

```
[FWB]firewall packet-filter default permit
[FWB-Ethernet1/0]ip addr 192.168.3.1 24
[FWB-Ethernet2/0]ip addr 192.168.1.2 24
```

（3）PCB 主机模拟内网服务器，配置 webserver.exe。

打开 webserver.exe，初始界面自动关联上 PCB 的 IP 地址，如图 4-2 所示。

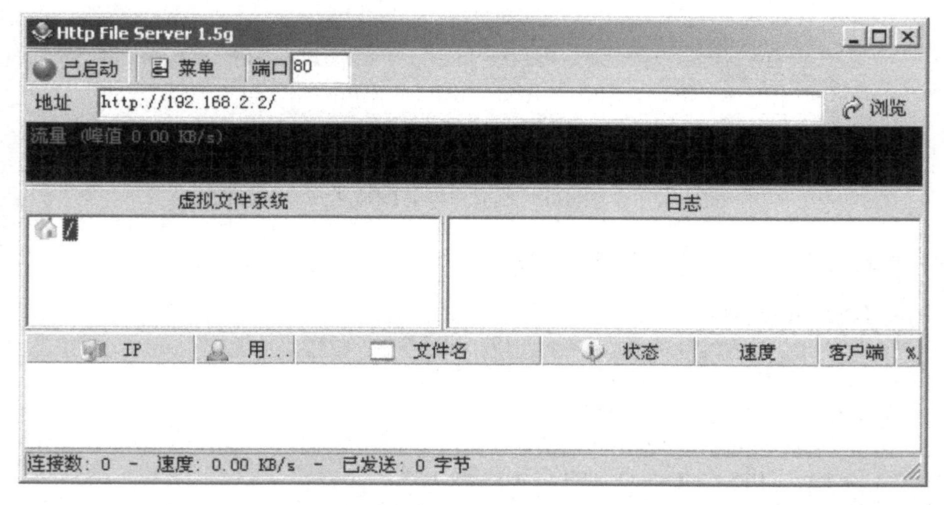

图 4-2　PCB webserver.exe 初始界面

在 Web 根目录下添加文件（index.htm），如图 4-3 所示。

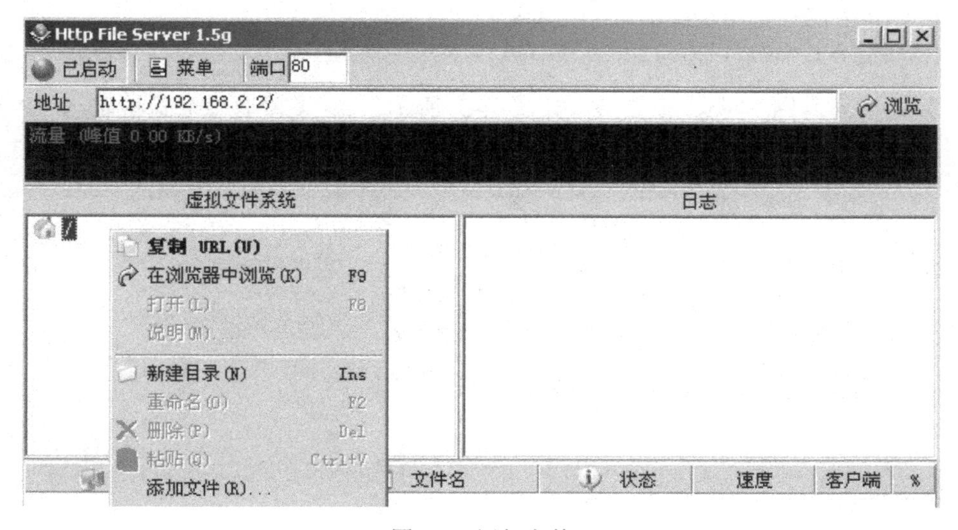

图 4-3　添加文件

添加成功并测试，发现访问记录和流量，如图 4-4 所示。

PCA 主机模拟外网服务器，配置与 PCB 相同。

（4）FWA 和 FWB 的配置。

配置用户 NAT 的地址池：

```
[FWA]nat address-group 1 192.168.1.10 192.168.1.20
```

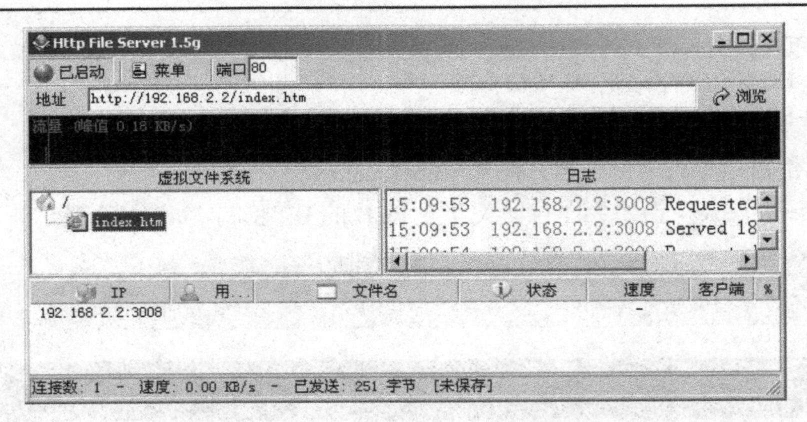

图 4-4 添加文件并测试

配置允许进行 NAT 转换的内网地址段：

```
[FWA]acl number 2000
[FWA-acl-basic-2000]rule 0 permit source 192.168.2.0 0.0.0.255
[FWA-acl-basic-2000]rule 1 deny
[FWA-Ethernet1/0]ip addr 192.168.2.1 24
[FWA-Ethernet2/0]ip addr 192.168.1.1 24
[FWA-Ethernet2/0]nat outbound 2000 address-group 1
[FWA-Ethernet2/0]nat server protocol tcp global 192.168.1.10 www inside 192.168.2.2 www
```

配置静态和缺省路由：

```
[FWA]ip route-static 0.0.0.0 0.0.0.0 192.168.1.2
[FWB]ip route-static 192.168.2.0 24 192.168.1.1
```

（5）验证访问内网 www 服务器，如图 4-5 所示。（注意没有域名只能输入 IP 地址：192.168.1.10）

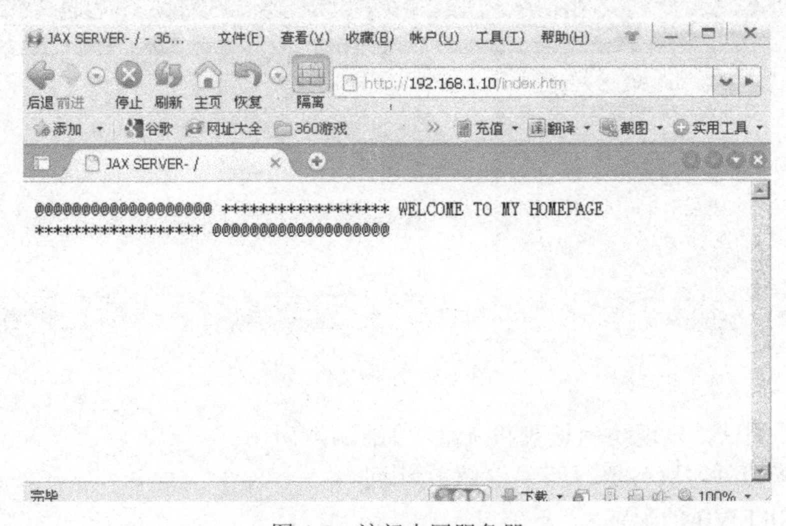

图 4-5 访问内网服务器

（6）验证内网用户访问外网服务器，如图 4-6 所示。

图 4-6　内网用户访问外网服务器

4.4　项目总结与提高

（1）写出主要项目实施规划、步骤与实训所得的主要结论。

（2）思考如何使得外网主机访问公司内部新建的 ftp 服务器。

项目五　IPSEC + IKE 功能的配置

5.1　项目提出

某公司由于业务发展，在另外距离总部很远的一个城市设立了分公司，领导提出要实现总部与分公司之间的局域网互联，由网络工程师小王负责解决。王工程师综合考虑成本、性能、需求等因素后，决定采用 IPSEC VPN 的方式实现两地网络的内网互通。

5.2　项目分析

1．项目实训目的

掌握 H3C 防火墙 SecPath F100-C 的 IPSec 功能的配置。

2．项目实现功能

FWA 和 FWB 各接一个网段，要求 2 个网段之间的 IP 流在 FWA 和 FWB 之间用 IPSec 加密传送。

3．项目主要应用的技术介绍

IPSec VPN：是目前 VPN 技术中点击率非常高的一种技术，同时提供 VPN 和信息加密两项技术。

VPN 只是 IPSec 的一种应用方式，IPSec 其实是 IP Security 的简称，它的目的是为 IP 提供高安全性特性，VPN 则是在实现这种安全特性的方式下产生的解决方案。IPSec 是一个框架性架构，具体由两类协议组成。

（1）AH 协议（Authentication Header，使用较少）：可以同时提供数据完整性确认、数据来源确认、防重放等安全特性；AH 常用摘要算法（单向 Hash 函数）MD5 和 SHA1 实现该特性。

（2）ESP 协议（Encapsulated Security Payload，使用较广）：可以同时提供数据完整性确认、数据加密、防重放等安全特性；ESP 通常使用 DES、3DES、AES 等加密算法实现数据加密，使用 MD5 或 SHA1 来实现数据完整性。

IPSec 提供的两种封装模式:传输 Transport 模式和隧道 Tunnel 模式。

本书所涉及的应用场景是 Site-to-Site（站点到站点或者网关到网关）：企业内网（若干 PC）之间的数据通过这些网关建立的 IPSec 隧道实现安全互联，主要使用隧道 Tunnel 模式。

IKE：Internet Key Exchange (IKE)，Internet 密钥交换协议 。

IKE 在协商时有两个阶段：第一阶段在两个对等 IKE 间协商产生一个安全组 （SA 即一个密钥）。第一阶段的密钥协商使得对等的 IKE 在第二阶段中可以安全的交流。在第二阶段的协商中，IKE 为其他应用建立密钥（SA），如 IPSec。

5.3　项目实施

1．项目拓扑图

IPSEC + IKE 功能的配置拓扑如图 5-1 所示。

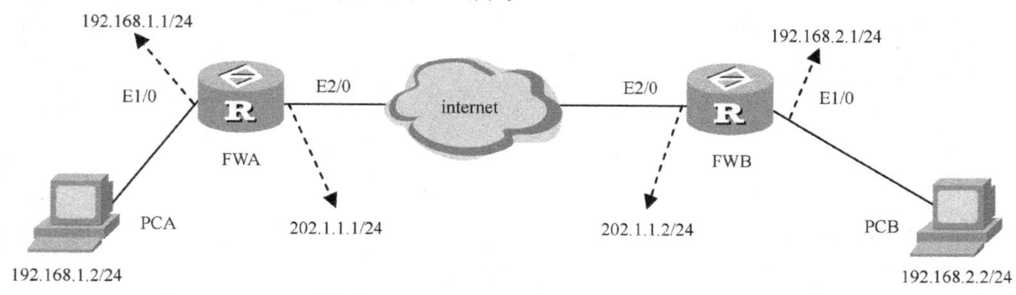

图 5-1　IPSEC + IKE 功能的配置拓扑

2．项目实训环境准备

两台 H3C 防火墙 SecPath F100-C，两台 PC。

为了不受原来的配置影响，在实训之前先将所有的配置数据擦除后重新启动，命令为："reboot"。

3．项目主要实训步骤

（1）PCA 和 PCB 按照要求配置 IP 地址。

（2）防火墙基本配置。

配置防火墙名称：

```
[H3C]sysname FWA
[H3C]sysname FWB
```

分别把 E1/0 接口加入 trust 区域：

```
[FWA]firewall zone trust
[FWA-zone-trust]add int e1/0
[FWB]firewall zone  trust
[FWB-zone-trust]add int e1/0
```

分别把 E2/0 接口加入 untrust 区域：

```
[FWA]firewall zone untrust
[FWA-zone-untrust]add int e2/0
[FWB]firewall zone  untrust
[FWB-zone-untrust]add int e2/0
```

设置防火墙默认规则为 permit：

```
[FWA]firewall packet-filter default permit
[FWB]firewall packet-filter default permit
```

（3）FWA 的 IPSec 配置。

① 定义 IKE 提议，使用 IKE 必配：

```
[FWA]ike  proposal 1
```

ike peer 配置，预设密码为 test：

```
[FWA]ike peer fwb
[FWA-ike-peer-fwb]pre-shared-key test
[FWA-ike-peer-fwb]remote-address 202.1.1.2
```

② 定义 IPSec 提议：

```
[FWA]ipsec proposal fwb
```

定义 IPSec 策略，协商方式为 isakmp，即使用 IKE 协商：

```
[FWA]ipsec policy fwb 1 isakmp
[FWA-ipsec-policy-isakmp-fwb-1]security acl 3000
[FWA-ipsec-policy-isakmp-fwb-1]ike-peer fwb
[FWA-ipsec-policy-isakmp-fwb-1]proposal fwb
```

③ 配置访问控制列表和规则：

```
[FWA]acl number 3000
[FWA-acl-adv-3000] rule 0 permit ip source 192.168.1.0 0.0.0.255 destination 192.168.2.0 0.0.0.255
```

④ 配置 IP 地址，应用 IPSec 策略：

```
[FWA-Ethernet1/0]ip addr 192.168.1.1 24
[FWA-Ethernet2/0]ip addr 202.1.1.1 24
[FWA-Ethernet2/0]ipsec policy fwb
```

⑤ 配置静态路由（也可以使用动态路由代替）：

```
[FWA]ip route-static 192.168.2.0 24 202.1.1.2
```

（4）FWB 的 IPSec 配置。

① 定义 IKE 提议，使用 IKE 必配：

```
[FWB]ike  proposal 1
```

ike peer 配置，预设密码为 test：

```
[FWB]ike peer fwa
[FWB-ike-peer-fwa]pre-shared-key test
[FWB-ike-peer-fwa]remote-address 202.1.1.1
```

② 定义 IPSec 提议：

```
[FWB]ipsec proposal fwa
```

定义 IPSec 策略，协商方式为 isakmp，即使用 IKE 协商：

```
[FWB]ipsec policy fwa 1 isakmp
[FWB-ipsec-policy-isakmp-fwa-1]security acl 3000
[FWB-ipsec-policy-isakmp-fwa-1]ike-peer fwa
[FWB-ipsec-policy-isakmp-fwa-1]proposal fwa
```

③ 配置访问控制列表和规则：

```
[FWB]acl number 3000
[FWB-acl-adv-3000] rule 0 permit ip source 192.168.2.0 0.0.0.255 destination 192.168.1.0 0.0.0.255
```

④ 配置 IP 地址，应用 IPSec 策略：

```
[FWB-Ethernet1/0]ip addr 192.168.2.1 24
[FWB-Ethernet2/0]ip addr 202.1.1.2 24
[FWB-Ethernet2/0]ipsec policy fwa
```

⑤ 配置静态路由（也可以使用动态路由代替）：

```
[FWB]ip route-static 192.168.1.0 24 202.1.1.1
```

（5）验证连通性：

```
PCA ping PCB
D:\>ping 192.168.2.2
Pinging 192.168.2.2 with 32 bytes of data:
Request timed out
Reply from 192.168.2.2: bytes=32 time=15ms TTL=126
Reply from 192.168.2.2: bytes=32 time=12ms TTL=126
Reply from 192.168.2.2: bytes=32 time=12ms TTL=126
Ping statistics for 192.168.2.2:
    Packets: Sent = 4, Received = 3, Lost = 1 (25% loss),
Approximate round trip times in milli-seconds:
    Minimum = 12ms, Maximum = 15ms, Average = 13ms
```

从 PC1 ping PC2，可以 ping 通。但为什么第一个报文不通呢？这是因为第一个报文要触发 IPSec 协商，而此时 IPSec 安全联盟还未建立起来，因此无法为第一数据包提供加密服务，因此第一个报文被丢弃。而当后续报文到达设备时，IPSec 安全联盟已经建立，因此后续数据包可以通过。

在 FWA 上通过命令可以查看 IKE 的安全联盟和 IPSec 安全联盟：

```
<FWA>di ike sa
    Total IKE phase-1 SAs:   1
    connection-id      peer            flag           phase    doi
    ------------------------------------------------------------------
                  2    202.1.1.2       RD|ST            2      IPSEC
                  1    202.1.1.2       RD|ST            1      IPSEC
  flag meaning
  RD--READY ST--STAYALIVE RL--REPLACED FD--FADING TO--TIMEOUT
```

注意：

① 先定义 ACL 和保证需要加密的数据 IP 可达；

② 要定义 IKE Proposal、IKE Peer、IPSec Proposal 和 IPSec Policy；

③ 注意上述配置中只有 IPSec Policy 配置需要引用 IPSec Proposal 和 IKE Peer，其余配置不相干；

④ 将定义好的 IPSec Policy 绑定到指定的出接口。

5.4 项目总结与提高

（1）写出主要项目实施规划、步骤与实训所得的主要结论。

（2）查阅相关资料，深入了解 IPSec VPN 的原理。

项目六　IKE Keepalive 功能的配置

6.1　项目提出

公司两地网络通过 IPSec VPN 技术互通，为了保证两端通信的正常使用及验证对端的存活性，网络工程师小王通过配置 IKE Keepalive 功能来实现。

6.2　项目分析

1．项目实训目的

掌握 H3C 防火墙 SecPath F100-C 的 IKE Keepalive 功能的配置。

2．项目实现功能

2 台防火墙通过 Keeplive 来保证 IKE SA 的一致性。

3．项目主要应用的技术介绍

要实现建立 IPSec 隧道为两个 IPSec 对等体之间的数据提供安全保护，首先要配置相应的安全策略，通过安全策略定义哪些报文属于要保护的范围，并定义用于保护这些报文的安全参数。之后，将安全策略应用于设备的某接口上。当 IPSec 对等体根据安全策略识别出要保护的报文时，就建立一个相应的 IPSec 隧道并将其通过该隧道发送给对端。此处的 IPSec 隧道可以是提前手工配置或者由报文触发 IKE 协商建立。这些 IPSec 隧道实际上就是两个 IPSec 对等体之间建立的 IPSec SA。由于 IPSec SA 是单向的，因此出方向的报文由出方向的 SA 保护，入方向的报文由入方向的 SA 来保护。对端接收到报文后，首先对报文进行分析、识别，然后根据预先设定的安全策略对报文进行不同的处理。

基于接口的实现方式下，通过将 IPSec 安全策略应用到设备的接口上，使得设备对通过该接口收发的数据报文依据接口上应用的安全策略进行 IPSec 保护。

IKE Keepalive 功能用于检测对端是否存活。在对端配置了等待 IKE Keepalive 报文的超时时间后，必须在本端配置发送 IKE Keepalive 报文的时间间隔。当对端 IKE SA 在配置的超时时间内未收到 IKE Keepalive 报文时，则删除该 IKE SA 以及由其协商的 IPsec SA。

6.3　项目实施

1．项目拓扑图

IKE Keeplive 功能的配置拓扑如图 6-1 所示。

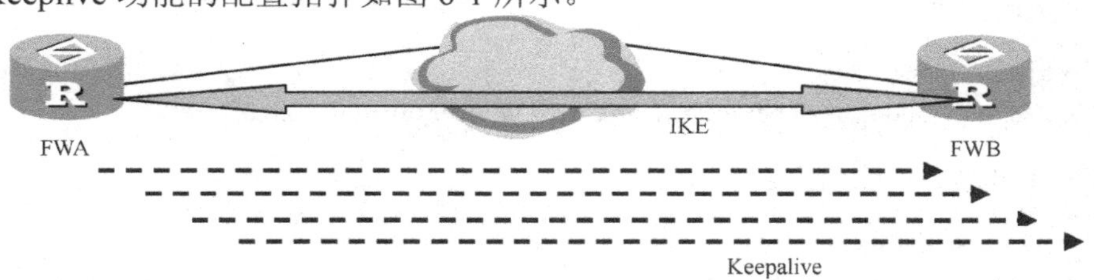

图 6-1　IKE Keeplive 功能的配置拓扑

2．项目实训环境准备

两台防火墙 SecPath F100-C，一台 PC 用来配置防火墙，防火墙两端 E2/0 口连接，分别配置 IP 地址 10.0.0.1/30 和 10.0.0.2/30。

3．项目主要实训步骤

（1）防火墙基本配置。

配置防火墙名称：

```
[H3C]sysname FWA
[H3C]sysname FWB
```

分别把 E2/0 接口加入 untrust 区域：

```
[FWA]firewall zone untrust
[FWA-zone-untrust]add int e2/0
[FWB]firewall zone   untrust
[FWB-zone-untrust]add int e2/0
```

设置防火墙默认规则为 permit：

```
[FWA]firewall packet-filter default permit
[FWB]firewall packet-filter default permit
```

（2）FWA 的 IKE Keeplive 配置。

① 配置 IKE SA 的 Keeplive 发送时间间隔，这里为 60s：

```
[FWA]ike sa keepalive-timer interval 60
```

ike peer 配置，与共享密码为 test：

```
[FWA]ike peer 10.0.0.2
[FWA-ike-peer-10.0.0.2]pre-shared-key test
[FWA-ike-peer-10.0.0.2]remote-address 10.0.0.2
```

② 定义 IPSec 提议：

```
[FWA]ipsec proposal def
```

③ 配置 IPSec 策略：

```
[FWA]ipsec policy 10.0.0.2 1 isakmp
[FWA-ipsec-policy-isakmp-10.0.0.2-1]security acl 3000
[FWA-ipsec-policy-isakmp-10.0.0.2-1]ike-peer 10.0.0.2
[FWA-ipsec-policy-isakmp-10.0.0.2-1]proposal def
```

④ 配置访问控制列表和规则：

```
[FWA]acl number 3000
[FWA-acl-adv-3000]rule 0 permit ip source 10.0.0.1 0 destination 10.0.0.2 0
```

⑤ 配置 IP 地址，应用 IPSec 策略：

```
[FWA-Ethernet2/0]ip addr 10.0.0.1 30
[FWA-Ethernet2/0]ipsec policy 10.0.0.2
```

（3）FWB 的 IKE Keepalive 配置。

① 配置 IKE SA 的 Keepalive 超时等待时间，在这段时间内没有收到对端发送的 Keepalive，删除 IKE SA，这里为 240s，超时时间设置一般大于对端发送间隔的 3 倍。

```
[FWB]ike sa keepalive-timer timeout 240
```

ike peer 配置，与共享密码为 test：

```
[FWB]ike peer 10.0.0.1
[FWB-ike-peer-10.0.0.1]pre-shared-key test
[FWB-ike-peer-10.0.0.1]remote-address 10.0.0.1
```

② 定义 IPSec 提议：

```
[FWA]ipsec proposal def
```

③ 配置 IPSec 策略：

```
[FWB]ipsec policy 10.0.0.1 1 isakmp
[FWB-ipsec-policy-isakmp-10.0.0.1-1]security acl 3000
[FWB-ipsec-policy-isakmp-10.0.0.1-1]ike-peer 10.0.0.1
[FWB-ipsec-policy-isakmp-10.0.0.1-1]proposal def
```

④ 配置访问控制列表和规则：

```
[FWB]acl number 3000
[FWB-acl-adv-3000]rule 0 permit ip source 10.0.0.2 0 destination 10.0.0.1 0
```

⑤ 配置 IP 地址，应用 IPSec 策略：

```
[FWB-Ethernet2/0]ip addr 10.0.0.2 30
[FWB-Ethernet2/0]ipsec policy 10.0.0.1
```

注意：

① Keepalive 是单向保活机制（一端配置发送间隔，另一端配置超时），如果需要双向保活，需要在两端都配置间隔和超时；

② 超时时间建议大于发送间隔的 3 倍；

③ Keepalive 是私有的机制，不同厂家的 Keepalive 不能互通。

6.4　项目总结与提高

（1）写出主要项目实施规划、步骤与实训所得的主要结论。

（2）查阅资料了解配置 IKE Keepalive 功能时要遵循的配置限制。

项目七　IPSec VPN 野蛮模式 NAT 穿越

7.1　项目提出

因为两地网络经过运营商网络连接，都采用了 NAT 技术来解决访问互联网的问题，会遇到网络地址转换的问题，网络工程师小王通过在 fwa 和 fwb 之间通过 NAT 进行静态地址转换，fwa 和 fwb 之间建立支持 NAT 穿越的野蛮模式 IPSec。

7.2　项目分析

1．项目实训目的

掌握 H3C 防火墙 SecPath F100-C 的 IPSec VPN 野蛮模式 NAT 穿越的配置。

2．项目实现功能

实现两个私网地址的互通。

3．项目主要应用的技术介绍

IPSec（IP Security，IP 安全）为互联网上传输的数据提供了高质量的、基于密码学的安全保证，是一种传统的实现三层 VPN（虚拟专用网络）的安全技术。IPSec 通过在特定通信方之间（如两个安全网关之间）建立“通道”，来保护通信方之间传输的用户数据，该通道通常称为 IPSec 隧道。

IPSec 为 IP 层上的网络数据安全提供了一整套安全体系结构，包括安全协议 AH（Authentication Header，认证头）和 ESP（Encapsulating Security Payload，封装安全载荷）、IKE 以及用于网络认证及加密的一些算法等。其中，AH 协议和 ESP 协议用于提供安全服务，IKE 协议用于密钥交换。

IPSec 提供了两大安全机制：认证和加密。认证机制使 IP 通信的数据接收方能够确认数据发送方的真实身份以及数据在传输过程中是否遭篡改。加密机制通过对数据进行加密运算来保证数据的机密性，以防数据在传输过程中被窃听。

IPSec 为 IP 层的数据报文提供的安全服务具体包括数据机密性（Confidentiality）、数据完整性（Data Integrity）、数据来源认证（Data Authentication）、抗重放（Anti-Replay）。

IPSec 野蛮模式：

IKE 第一阶段的协商可以采用两种模式：主模式（Main Mode）和野蛮模式（Aggressive Mode）。

野蛮模式则允许同时传送与 SA、密钥交换和认证相关的载荷。将这些载荷组合到一条消息中减少了消息的往返次数，但是就无法提供身份保护了。虽然野蛮模式存在一些功能限制，但可以满足某些特定的网络环境需求。例如，远程访问时，如果响应者（服务器端）无法预先知道发起者（终端用户）的地址、或者发起者的地址总在变化，而双方都希望采用预共享密钥验证方法来创建 IKE SA，那么，不进行身份保护的野蛮模式就是唯一可行的交换方法；另外，如果发起者已知响应者的策略，或者对响应者。

对于两端 IP 地址不是固定的情况（如 ADSL 拨号上网），并且双方都希望采用预共享密钥验证方法来创建 IKE SA，就需要采用野蛮模式。另外如果发起者已知回应者的策略，采用野蛮模式也能够更快地创建 IKE SA。在采用 IKE 协商建立的 IPSec 隧道中，可能存在 NAT 设备，由于在 NAT 设备上的 NAT 会话有一定存活时间，一旦 IPSec 隧道建立后，如果长时间没有流量，对应的 NAT 会话表项会被删除，这样将导致 IPSec 隧道无法继续传输数据。为防止 NAT 表项老化，NAT 内侧的 IKE 网关设备需要定时向 NAT 外侧的 IKE 网关设备发送 NAT Keepalive 报文，以便维持 NAT 设备上对应的 IPSec 流量的会话存活，从而让 NAT 外侧的设备可以访问 NAT 之后的设备。

7.3 项目实施

1. 项目拓扑图

IPSec VPN 野蛮模式 NAT 穿越拓扑如图 7-1 所示。

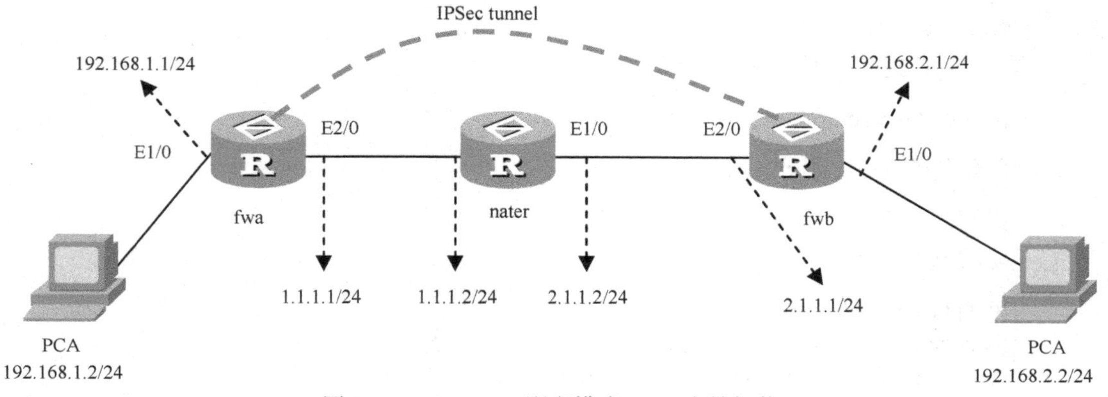

图 7-1　IPSec VPN 野蛮模式 NAT 穿越拓扑

2. 项目实训环境准备

三台防火墙 SecPath F100-C，两台 PC。

3. 项目主要实训步骤

（1）PCA 和 PCB 按照要求配置 IP 地址和网关，分别模拟两个网络中的电脑。

（2）防火墙基本配置。

配置防火墙名称：

```
[H3C]sysname fwa
[H3C]sysname fwb
[H3C]sysname nater
```

fwa 和 fwb 分别把 E1/0 接口加入 trust 区域：

```
[FWA]firewall zone trust
[FWA-zone-trust]add int e1/0
```

```
[FWB]firewall zone  trust
[FWB-zone-trust]add int e1/0
```

fwa 和 fwb 分别把 E2/0 接口加入 untrust 区域：

```
[fwa]firewall zone untrust
[fwa-zone-untrust]add int e2/0
[fwb]firewall zone  untrust
[fwb-zone-untrust]add int e2/0
```

nater 把 e1/0 和 e2/0 都加入 untrust 区域：

```
[nater]firewall zone  untrust
[nater-zone-untrust]add int e1/0
[nater-zone-untrust]add int e2/0
```

设置防火墙默认规则为 permit：

```
[fwa]firewall packet-filter default permit
[fwb]firewall packet-filter default permit
[nater]firewall packet-filter default permit
```

（3）fwa 的配置。

① 定义 IKE 提议，使用 IKE 必配：

```
[fwa]ike  proposal 1
```

② 定义 IKE 本端名称：

```
[fwa]ike local-name fwa
```

ike peer 配置，预设密码为 test：

```
[fwa]ike peer fwb
[fwa-ike-peer-fwb]pre-shared-key test
[fwa-ike-peer-fwb]exchange-mode aggressive
[fwa-ike-peer-fwb]id-type name
[fwa-ike-peer-fwb]remote-name fwb
[fwa-ike-peer-fwb]nat traversal
```

③ 定义 IPSec 提议：

```
[fwa]ipsec proposal fwb
```

④ 定义 IPSec 策略，协商方式为 isakmp，即使用 IKE 协商：

```
[fwa]ipsec policy fwb 1 isakmp
[fwa-ipsec-policy-isakmp-fwb-1]security acl 3000
[fwa-ipsec-policy-isakmp-fwb-1]ike-peer fwb
[fwa-ipsec-policy-isakmp-fwb-1]proposal fwb
```

⑤ 配置访问控制列表和规则：

```
[fwa]acl number 3000
[fwa-acl-adv-3000] rule 0 permit ip source 192.168.1.0 0.0.0.255 destination 192.
168.2.0 0.0.0.255
```

配置 IP 地址，应用 IPSec 策略：

```
[fwa-Ethernet1/0]ip addr 192.168.1.1 24
[fwa-Ethernet2/0]ip addr 1.1.1.1 24
[fwa-Ethernet2/0]ipsec policy fwb
```

⑥ 配置静态路由：

```
[fwa]ip route-static 192.168.2.0 24 1.1.1.2
[fwa]ip route-static 2.1.1.0 24 1.1.1.2
```

（4）fwb 的配置。

① 定义 IKE 提议，使用 IKE 必配：

```
[fwb]ike  proposal 1
```

定义 IKE 本端名称：

```
[fwb]ike local-name fwb
```

ike peer 配置，预设密码为 test：

```
[fwb]ike peer fwa
[fwb-ike-peer-fwa]pre-shared-key test
[fwb-ike-peer-fwa]exchange-mode aggressive
[fwb-ike-peer-fwa]id-type name
[fwb-ike-peer-fwa]remote-name fwa
[fwb-ike-peer-fwa]remote-address 1.1.1.1
[fwb-ike-peer-fwa]nat traversal
```

② 定义 IPSec 提议：

```
[fwb]ipsec proposal fwa
```

③ 定义 IPSec 策略，协商方式为 isakmp，即使用 IKE 协商：

```
[fwb]ipsec policy fwa 1 isakmp
[fwb-ipsec-policy-isakmp-fwa-1]security acl 3000
[fwb-ipsec-policy-isakmp-fwa-1]ike-peer fwa
[fwb-ipsec-policy-isakmp-fwa-1]proposal fwa
```

④ 配置访问控制列表和规则：

```
[fwb]acl number 3000
[fwb-acl-adv-3000] rule 0 permit ip source 192.168.2.0 0.0.0.255 destination 192.
168.1.0 0.0.0.255
```

⑤ 配置 IP 地址，应用 IPSec 策略：

```
[fwb-Ethernet1/0]ip addr 192.168.2.1 24
[fwb-Ethernet2/0]ip addr 2.1.1.1 24
[fwb-Ethernet2/0]ipsec policy fwa
```

⑥ 配置静态路由：

```
[fwb]ip route-static 0.0.0.0 0.0.0.0 2.1.1.2
```

（5）nater 的配置。

接口配置 IP 地址：

```
[nater-Ethernet1/0]ip addr 2.1.1.2 24
[nater-Ethernet2/0]ip addr 1.1.1.2 24
```

定义静态 NAT 转换：

```
[nater]nat static 2.1.1.1 1.1.1.3
```

NAT 转换配置到公网口：

```
[nater-Ethernet2/0]nat outbound    static
```

配置静态路由：

```
[nater]ip route-static 192.168.1.0 24    1.1.1.1
[nater]ip route-static 192.168.2.0 24    2.1.1.1
```

（6）验证连通性：

```
PCB ping PCA
Pinging 192.168.1.1 with 32 bytes of data:
Request timed out
Reply from 192.168.1.1: bytes=32 time=15ms TTL=126
Reply from 192.168.1.1: bytes=32 time=12ms TTL=126
Reply from 192.168.1.1: bytes=32 time=12ms TTL=126
Ping statistics for 192.168.2.2:
    Packets: Sent = 4, Received = 3, Lost = 1 (25% loss),
Approximate round trip times in milli-seconds:
    Minimum = 12ms, Maximum = 15ms, Average = 13ms
```

从 PCB ping PCA，可以 ping 通。但第一个报文不通，这是因为第一个报文要触发 IPSec 协商，而此时 IPSec 安全联盟还未建立起来，因此无法为第一包提供加密服务，因此第一个报文被丢弃。而当后续报文到达设备时，IPSec 安全联盟已经建立，因此后续数据包可以通过。

7.4 项目总结与提高

（1）写出主要项目实施规划、步骤与实训所得的主要结论。

（2）思考野蛮模式的必要性，与主模式的区别。

项目八　IPSec多网段独立保护功能的配置

8.1　项目提出

某公司总部内部有多个网段，要求分支内网访问总部不同网段时使用独立的加密密钥，网络工程师小刘通过采用配置防火墙的IPSec多网段独立保护功能来实现公司需求。

8.2　项目分析

1．项目实训目的

掌握H3C路由器接口上IPSec多网段独立保护功能的配置。

2．项目实现功能

用户从分部通过IPSec VPN可以访问总部不同的网段。

3．项目主要应用的技术介绍

IPSec（IP Security，IP安全）为互联网上传输的数据提供了高质量的、基于密码学的安全保证，是一种传统的实现三层VPN（虚拟专用网络）的安全技术。IPSec通过在特定通信方之间（如两个安全网关之间）建立“通道”，来保护通信方之间传输的用户数据，该通道通常称为IPSec隧道。

IPSec为IP层上的网络数据安全提供了一整套安全体系结构，包括安全协议AH（Authentication Header，认证头）和ESP（Encapsulating Security Payload，封装安全载荷）、IKE以及用于网络认证及加密的一些算法等。其中，AH协议和ESP协议用于提供安全服务，IKE协议用于密钥交换。

IPSec提供了两大安全机制：认证和加密。认证机制使IP通信的数据接收方能够确认数据发送方的真实身份以及数据在传输过程中是否遭篡改。加密机制通过对数据进行加密运算来保证数据的机密性，以防数据在传输过程中被窃听。

IPSec为IP层的数据报文提供的安全服务具体包括数据机密性（Confidentiality）、数据完整性（Data Integrity）、数据来源认证（Data Authentication）、抗重放（Anti-Replay）。

SA（Security Association，安全联盟）是IPSec的基础，也是IPSec的本质。IPSec在两个端点之间提供安全通信，这类端点被称为IPSec对等体。SA是IPSec对等体间对某些要素的约定，例如，使用的安全协议（AH、ESP或两者结合使用）、协议报文的封装模式（传输模式或隧道模式）、认证算法（HMAC-MD5或HMAC-SHA1）、加密算法（DES、3DES或AES）、特定流中保护数据的共享密钥以及密钥的生存时间等。

SA是单向的，在两个对等体之间的双向通信，最少需要两个SA来分别对两个方向的数据流进行安全保护。同时，如果两个对等体希望同时使用AH和ESP来进行安全通信，则每个对等体都会针对每一种协议来构建一个独立的SA。

SA 由一个三元组来唯一标识，这个三元组包括 SPI（Security Parameter Index，安全参数索引）、目的 IP 地址和安全协议号。其中，SPI 是用于标识 SA 的一个 32 比特的数值，它在 AH 和 ESP 头中传输。

SA 有手工配置和 IKE 自动协商两种生成方式。

8.3 项目实施

1. 项目拓扑图

IPSec 多网段独立保护功能的配置如图 8-1 所示。

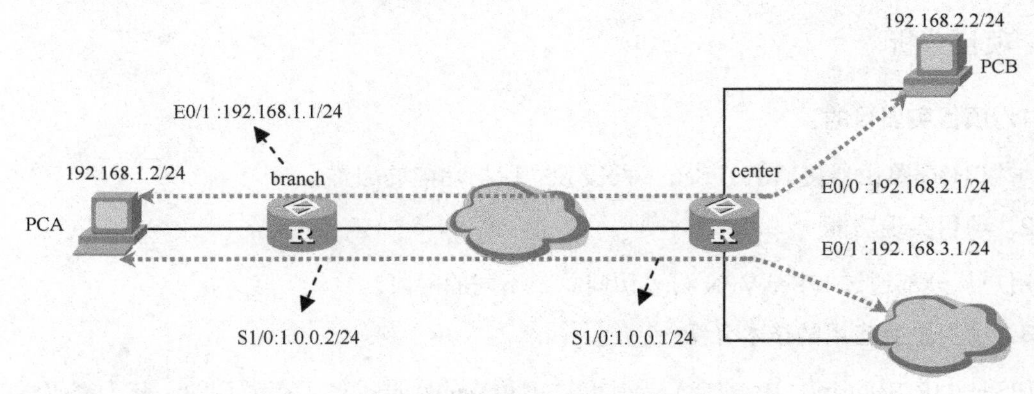

图 8-1 IPSec 多网段独立保护功能的配置

2. 项目实训环境准备

MSR 系列路由器 2 台，两台 PC。

3. 项目主要实训步骤

（1）PCA 和 PCB 按照要求配置 IP 地址和网关。

（2）路由器基本配置。

配置路由器名称：

```
[H3C]sysname branch
[H3C]sysname center
```

开启防火墙并设置防火墙默认规则为 permit：

```
[branch]firewall enable
[branch]firewall default permit
[center]firewall enable
[center]firewall default permit
```

（3）分支路由器 branch 的配置。

① 定义 IKE 本端名称：

```
[branch]ike local-name branch
```

ike peer 配置，预设密码为 test：

```
[branch]ike peer center
[branch-ike-peer-center]pre-shared-key test
[branch-ike-peer-center]exchange-mode aggressive
[branch-ike-peer-center]id-type name
[branch-ike-peer-center]remote-name center
[branch-ike-peer-center]remote-address 1.0.0.1
```

② 定义 IPSec 提议。

```
[FWA]ipsec proposal p1
```

定义安全策略 po 第一条规则：

```
[branch]ipsec policy po 1 isakmp
[branch-ipsec-policy-isakmp-po-1]security acl 3001
[branch-ipsec-policy-isakmp-po-1]ike-peer center
[branch-ipsec-policy-isakmp-po-1]proposal p1
```

定义安全策略 po 第二条规则：

```
[branch]ipsec policy po 2 isakmp
[branch-ipsec-policy-isakmp-po-2]security acl 3002
[branch-ipsec-policy-isakmp-po-2]ike-peer center
[branch-ipsec-policy-isakmp-po-2]proposal p1
```

③ 配置访问控制列表和规则：

```
[branch]acl number 3001
[branch-acl-adv-3001] rule 0 permit ip source 192.168.1.0 0.0.0.255 destination 192.168.2.0 0.0.0.255
[branch]acl number 3002
[branch-acl-adv-3002] rule 0 permit ip source 192.168.1.0 0.0.0.255 destination 192.168.3.0 0.0.0.255
```

④ 配置 IP 地址，应用 IPSec 策略：

```
[branch-Ethernet0/0]ip addr 192.168.1.1 24
[branch-Serial1/0]ip addr 1.0.0.2 24
[branch-Serial1/0]ipsec policy po
```

配置静态路由：

```
[branch]ip route-static 0.0.0.0 0.0.0.0 s1/0 preference 60
```

（4）总部路由器 center 的配置。

① 定义 IKE 本端名称：

```
[center]ike local-name center
```

ike peer 配置，预设密码为 test：

```
[center]ike peer branch
[center-ike-peer-branch]pre-shared-key test
[center-ike-peer-branch]exchange-mode aggressive
[center-ike-peer-branch]id-type name
[center-ike-peer-branch]remote-name branch
```

② 定义 IPSec 提议：

```
[center]ipsec proposal p1
```

定义安全策略 po 第一条规则：

```
[center]ipsec policy po 1 isakmp
[center-ipsec-policy-isakmp-po-1]security acl 3001
[center-ipsec-policy-isakmp-po-1]ike-peer center
[center-ipsec-policy-isakmp-po-1]proposal p1
```

定义安全策略 po 第二条规则：

```
[center]ipsec policy po 2 isakmp
[center-ipsec-policy-isakmp-po-2]security acl 3002
[center-ipsec-policy-isakmp-po--2]ike-peer center
[center-ipsec-policy-isakmp-po--2]proposal p1
```

③ 配置访问控制列表和规则：

```
[center]acl number 3001
[center-acl-adv-3001] rule 0 permit ip source 192.168.2.0 0.0.0.255 destination 192.168.1.0 0.0.0.255
[center]acl number 3002
[center-acl-adv-3002] rule 0 permit ip source 192.168.3.0 0.0.0.255 destination 192.168.1.0 0.0.0.255
```

④ 配置 IP 地址，应用 IPSec 策略：

```
[center-Ethernet0/0]ip addr 192.168.2.1 24
[center-Ethernet0/1]ip addr 192.168.3.1 24
[center-Serial1/0]ip addr 1.0.0.1 24
[center-Serial1/0]ipsec policy po
```

⑤ 配置静态路由：

```
[center]ip route-static 0.0.0.0 0.0.0.0 1.0.0.2 preference 60
```

（5）验证连通性。

```
PCA ping PCB
D:\>ping 192.168.2.2
Pinging 192.168.2.2 with 32 bytes of data:
Request timed out
Reply from 192.168.2.2: bytes=32 time=15ms TTL=126
Reply from 192.168.2.2: bytes=32 time=12ms TTL=126
Reply from 192.168.2.2: bytes=32 time=12ms TTL=126
Ping statistics for 192.168.2.2:
    Packets: Sent = 4, Received = 3, Lost = 1 (25% loss),
Approximate round trip times in milli-seconds:
    Minimum = 12ms, Maximum = 15ms, Average = 13ms
```

从 PC1 ping PC2，可以 ping 通。但为什么第一个报文不通呢？这是因为第一个报文要触发 IPSec 协商，而此时 IPSec 安全联盟还未建立起来，所以无法为第一包提供加密服务，因此第一个报文被丢弃。而当后续报文到达设备时，IPSec 安全联盟已经建立，因此后续数据包可以通过。

在 center 上通过命令可以查看 IKE 的安全联盟和 IPSec 安全联盟。

```
[center]di ike sa
    total phase-1 SAs:  1
    connection-id     peer          flag          phase    doi
  ----------------------------------------------------------------
          3           1.0.0.2        RD              2     IPSEC
          2           1.0.0.2        RD              1     IPSEC
          4           1.0.0.2        RD              2     IPSEC
  flag meaning
  RD--READY ST--STAYALIVE RL--REPLACED FD--FADING TO—TIMEOUT
PCA ping PCC（PCB 更改 ip 设置并连接到 center 的 e0/1 接口）
Pinging 192.168.3.2 with 32 bytes of data:
Request timed out
Reply from 192.168.3.2: bytes=32 time=15ms TTL=126
Reply from 192.168.3.2: bytes=32 time=12ms TTL=126
Reply from 192.168.3.2: bytes=32 time=12ms TTL=126
Ping statistics for 192.168.3.2:
    Packets: Sent = 4, Received = 3, Lost = 1 (25% loss),
Approximate round trip times in milli-seconds:
    Minimum = 12ms, Maximum = 15ms, Average = 13ms
```

注意：在定义保护多条数据流建立 VPN 时，需将每条数据流都用 ACL 定义然后将其分别应用到安全策略的第一条规则和第二条规则。

8.4　项目总结与提高

（1）写出主要项目实施规划、步骤与实训所得的主要结论。

（2）思考 IPSec 多网段独立保护功能的配置。

项目九　路由器拨号接口上 IPSec 功能的配置

9.1　项目提出

某公司两地网络，需要内网信息互通，网络工程师小刘使用 PPPoE Client 和 PPPoE Server 通过 PPPoE 建立拨号关系，双方在拨号接口和虚模板上配置 IPSec 策略，使两边的私有数据得以加密传送。

9.2　项目分析

1．项目实训目的

掌握 H3C 路由器拨号接口上 IPSec 功能的配置。

2．项目实现功能

RTA（PPPoE Clien）和 RTB（PPPoE Server）建立拨号关系，实现两个机构的私有数据得以加密传送。

3．项目主要应用的技术介绍

IPSec 虚拟隧道接口是一种支持动态路由协议的三层逻辑接口，适用于站点对站点的应用场景，通过配置路由，让站点间的私网数据流通过 IPSec 虚拟隧道接口进行转发，所有通过 IPSec 虚拟隧道接口转发的数据流都会进行 IPSec 加密和解密处理，同时还可以支持对组播流量的保护。

项目主要配置要点：

（1）当 PPPoE Server 没有为 PPP 认证用户指定认证域时，地址池配置在全局视图下；

（2）IKE 发起方 PPPoE Client 必须指定接收方 PPPoE Server 的地址；

（3）IKE 接收方 PPPoE Server 可以指定对方所属的地址范围；

（4）发起方和接收方 IPSec 策略分别绑定在 Dialer0 和 Virtual-Template0 下；

（5）双方通过配置静态路由将内网流量引入到 Dialer0 和 Virtual-Template0。

9.3　项目实施

1．项目拓扑图

路由器拨号接口上 IPSec 功能的配置拓扑如图 9-1 所示。

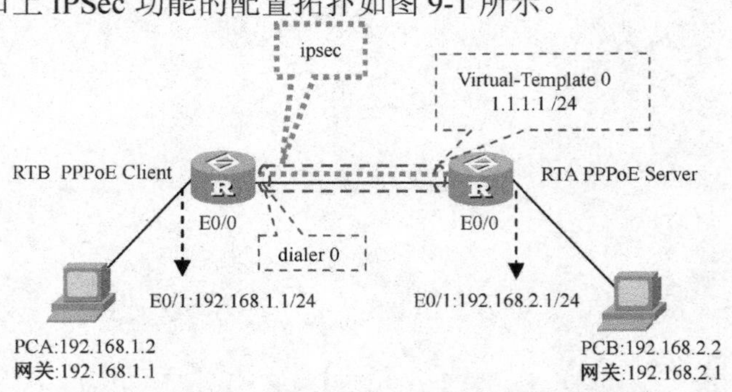

图 9-1　路由器拨号接口上 IPSec 功能的配置拓扑

2. 项目实训环境准备

MSR 系列路由器 2 台，两台 PC。

3. 项目主要实训步骤

（1）PCA 和 PCB 按照要求配置 IP 地址。

（2）RTA（PPPoE Server）配置。

① 配置防火墙名称：

```
[H3C]sysname RTA
```

② 配置地址池 0：

```
[RTA]ip pool 0 1.1.1.2 1.1.1.5
```

③ 配置 IKE Peer：

```
[RTA]ike peer pppoeclient
[RTA-ike-peer-pppoeclient]pre-shared-key test
[RTA-ike-peer-pppoeclient]remote-address 1.1.1.2 1.1.1.5
```

④ 配置 ipsec proposal：

```
[RTA]ipsec proposal pppoeclient
```

⑤ 配置 IPSec 策略：

```
[RTA]ipsec policy pppoeclient 1 isakmp
[RTA-ipsec-policy-isakmp-pppoeclient-1]security acl 3000
[RTA-ipsec-policy-isakmp-pppoeclient-1]ike-peer pppoeclient
[RTA-ipsec-policy-isakmp-pppoeclient-1]proposal pppoeclient
```

⑥ 配置 PPP 认证用户：

```
[RTA]local-user msr
New local user added.
[RTA-luser-msr]password simple msr
[RTA-luser-msr]service-type ppp
```

⑦ 配置 ACL：

```
[RTA]acl number 3000
[RTA-acl-adv-3000]rule 0 permit ip source 192.168.1.0 0.0.0.255 destination 192.168.0.0 0.0.0.255
```

⑧ 创建虚模板 0：

```
[RTA]interface Virtual-Template 0
配置 ppp 认证类型为 pap
[RTA-Virtual-Template0]ppp authentication-mode pap
指定对端地址池，此处为全局配置的地址池 0
[RTA-Virtual-Template0]remote address pool
配置虚模板地址
[RTA-Virtual-Template0]ip addr 1.1.1.1 255.255.255.0
在虚模板绑定 IPSec 策略
```

```
[RTA-Virtual-Template0]ipsec policy pppoeclient
将 PPPoE-Server 配置绑定为虚模板 0
[RTA-Ethernet0/0]pppoe-server bind virtual-template 0
内网接口地址
[RTA-Ethernet0/1]ip addr 192.168.1.1 24
```

⑨ 配置访问对端内网的静态路由：

```
[RTA]ip route-static 192.168.0.0 24 Virtual-Template 0
```

（3）RTB（PPPoE Client）配置。

① 配置拨号规则允许 IP 包通过：

```
[RTB]dialer-rule 1 ip permit
```

② 配置 IKE Peer：

```
[RTB]ike peer pppoeserver
[RTB-ike-peer-pppoeserver]pre-shared-key test
[RTB-ike-peer-pppoeserver]remote-address 1.1.1.1
```

③ 配置 ipsec proposal：

```
[RTB]ipsec proposal pppoeserver
```

④ 配置 IPSec 策略：

```
[RTB]ipsec policy pppoeserver 1 isakmp
[RTB-ipsec-policy-isakmp-pppoeserver-1]security acl 3000
[RTB-ipsec-policy-isakmp-pppoeserver-1]ike-peer pppoeserver
[RTB-ipsec-policy-isakmp-pppoeserver-1]proposal pppoeserver
```

⑤ 配置 ACL 及规则：

```
[RTB]acl number 3000
[RTB-acl-adv-3000]rule 0 permit ip source 192.168.0.0 0.0.0.255 destination 192.168.1.0 0.0.0.255
配置拨号口
[RTB]interface Dialer 0
配置链路协议为 PPP
[RTB-Dialer0]link-protocol ppp
PAP 认证配置
[RTB-Dialer0]ppp pap local-user msr password simple msr
配置 IP 地址为 PPP 协商
[RTB-Dialer0]ip addr ppp-negotiate
拨号用户，可以任意配置
[RTB-Dialer0]dialer user anyone
指定拨号规则即全局配置的 Dialer-rule 1
[RTB-Dialer0]dialer-group 1
所属的拨号绑定组
[RTB-Dialer0]dialer bundle 1
配置 IPSec 策略
[RTB-Dialer0]ipsec policy pppoeserver
```

指定 PPPoe-Client 使用绑定组 1

```
[RTB-Ethernet0/0]pppoe-client dial-bundle-number 1
```

配置内部网络接口 ip 地址

```
[RTB-Ethernet0/1]ip addr 192.168.0.1 24
```

配置默认路由指向拨号口 0

```
[RTB] ip route-static 0.0.0.0 0.0.0.0 Dialer0
```

9.4　项目总结与提高

（1）写出主要项目实施规划、步骤与实训所得的主要结论。

（2）深入理解与思考路由器拨号接口上 IPSec 功能的配置过程。

项目十　GRE 协议实训

10.1　项目提出

某公司上海和北京各有一个公网出口 VPN 网关，两网关之间通过建立 GRE 隧道，实现两机构私网互访。

10.2　项目分析

1．项目实训目的

掌握 H3C SecPath F100-C 的 GRE 协议配置。

2．项目实现功能

实现两个机构的私网互通。

3．项目主要应用的技术介绍

GRE（Generic Routing Encapsulation）即通用路由封装协议，是对某些网络层协议（如 IP 和 IPX）的数据报进行封装，使这些被封装的数据报能够在另一个网络层协议（如 IP）中传输。

GRE 是 VPN（Virtual Private Network）的第三层隧道协议，即在协议层之间采用了一种被称之为 Tunnel（隧道）的技术。

GRE 隧道处理流程：

（1）隧道起点路由查找；

（2）加封装；

（3）承载协议路由转发；

（4）中途转发；

（5）解封装；

（6）隧道终点载荷协议路由查找。

GRE 的基本配置包括：

（1）创建虚拟 Tunnel 接口；

（2）配置 Tunnel 接口的源端地址；

（3）配置 Tunnel 接口的目的地址；

（4）配置 Tunnel 接口的网络地址。

GRE VPN 的优点：

- 可以当前最为普遍的 IP 网络作为承载网络
- 支持多种协议
- 支持 IP 组播
- 简单、易布署

GRE VPN 的缺点：

- 点对点隧道
- 静态配置隧道参数
- 布署复杂连接关系时代价巨大
- 缺乏安全性
- 不能分隔地址空间

10.3　项目实施

1．项目拓扑图

GRE 协议实训拓扑如图 10-1 所示。

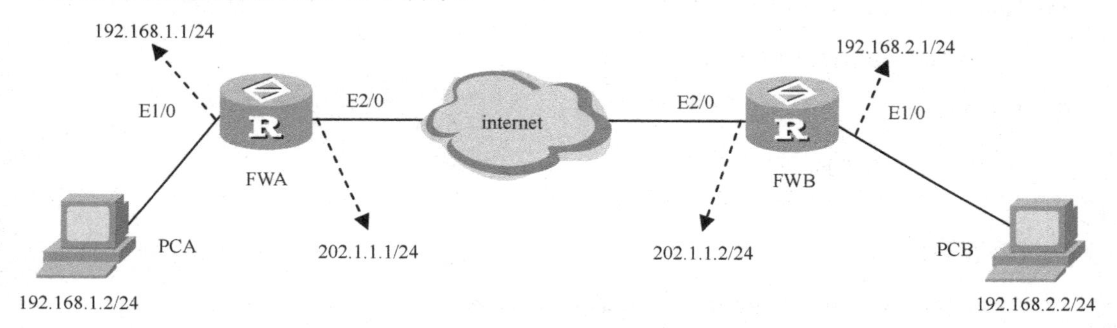

图 10-1　GRE 协议实训拓扑

2．项目实训环境准备

两台防火墙 SecPath F100-C，两台 PC。

3．项目主要实训步骤

（1）PCA 和 PCB 按照要求配置 IP 地址。

（2）防火墙基本配置。

配置防火墙名称：

```
[H3C]sysname FWA
[H3C]sysname FWB
```

分别把 E1/0 接口加入 trust 区域：

```
[FWA]firewall zone trust
[FWA-zone-trust]add int e1/0
[FWB]firewall zone  trust
[FWB-zone-trust]add int e1/0
```

分别把 E2/0 接口加入 untrust 区域：

```
[FWA]firewall zone untrust
[FWA-zone-untrust]add int e2/0
[FWB]firewall zone  untrust
[FWB-zone-untrust]add int e2/0
```

设置防火墙默认规则为 permit：

```
[FWA]firewall packet-filter default permit
[FWB]firewall packet-filter default permit
```

（3）FWA 的配置。

配置 GRE 接口：

```
[FWA]interface  Tunnel 1
[FWA-Tunnel1]ip addr 2.1.1.1 30
[FWA-Tunnel1]source 202.1.1.1
[FWA-Tunnel1]destination 202.1.1.2
[FWA-Tunnel1]gre key 123
```

将 Tunnel1 接口加入 trust 域：

```
[FWA-zone-trust]add int Tunnel 1
```

配置 IP 地址：

```
[FWA-Ethernet1/0]ip addr 192.168.1.1 24
[FWA-Ethernet2/0]ip addr 202.1.1.1 24
```

配置静态路由：

```
[FWA]ip route-static 192.168.2.0 24 Tunnel 1 preference 60
```

（4）FWB 的配置。

配置 GRE 接口：

```
[FWB]interface Tunnel 1
[FWB-Tunnel1]ip addr 2.1.1.2 30
[FWB-Tunnel1]source 202.1.1.2
[FWB-Tunnel1]destination 202.1.1.1
[FWB-Tunnel1]gre key 123
```

将 Tunnel1 接口加入 trust 域：

```
[FWB-zone-trust]add int Tunnel 1
```

配置 IP 地址：

```
[FWB-Ethernet1/0]ip addr 192.168.2.1 24
[FWB-Ethernet2/0]ip addr 202.1.1.2 24
```

配置静态路由：

```
[FWB]ip route-static 192.168.1.0 24 Tunnel 1 preference 60
```

（5）验证连通性：

```
PCA ping PCB
C:\>ping 192.168.2.2
Pinging 192.168.2.2 with 32 bytes of data:
Reply from 192.168.2.2: bytes=32 time=15ms TTL=126
```

```
Reply from 192.168.2.2: bytes=32 time=12ms TTL=126
Reply from 192.168.2.2: bytes=32 time=12ms TTL=126
Reply from 192.168.2.2: bytes=32 time=12ms TTL=126
```

结论：从 PCA ping PCB，可以 ping 通。

10.4 项目总结与提高

（1）写出主要项目实施规划、步骤与实训所得的主要结论。

（2）写出 GRE VPN 与 IPSec VPN 的主要异同点。

项目十一　L2TP 协议实训

11.1　项目提出

Internet 上的移动办公用户安装 iNode 智能客户端，通过和公司出口 VPN 网关建立 L2TP 隧道方式，访问公司内部资源。

11.2　项目分析

1．项目实训目的

掌握 H3C 的 L2TP 协议配置。

2．项目实现功能

实现 iNode 智能客户端 L2TP 拨号 FWA，与 PCB 互通。

3．项目主要应用的技术介绍

L2TP（Layer 2 Tunneling Protocol，二层隧道协议）是 VPDN（Virtual Private Dial-up Network，虚拟私有拨号网）隧道协议的一种。

VPDN 是指利用公共网络（如 ISDN 或 PSTN）的拨号功能接入公共网络，实现虚拟专用网，从而为企业、小型 ISP、移动办公人员等提供接入服务，即 VPDN 为远端用户与私有企业网之间提供了一种经济而有效的点到点连接方式。

VPDN 采用专用的网络通信协议，在公共网络上为企业建立安全的虚拟专网。企业驻外机构和出差人员可从远程经由公共网络，通过虚拟隧道实现和企业总部之间的网络连接，而公共网络上其他用户则无法穿过虚拟隧道访问企业网内部的资源。

VPDN 有以下两种实现方式。

（1）接入服务器发起 VPDN 连接。

NAS（Network Access Server，网络接入服务器）通过使用 VPDN 隧道协议，将客户的 PPP 连接直接连到企业的 VPDN 网关上，从而与 VPDN 网关建立隧道。这些对于用户是透明的，用户只需要登录一次就可以接入企业网络，由企业网进行用户认证和地址分配，而不占用公共地址。该方式需要 NAS 支持 VPDN 协议、认证系统支持 VPDN 属性。

（2）用户发起 VPDN 连接。

客户端与 VPDN 网关建立隧道。这种方式由客户端先建立与 Internet 的连接，再通过专用的客户软件（如 Windows 2000 支持的 L2TP 客户端）与 VPDN 网关建立隧道连接。用户上网的方式和地点没有限制，不需要 ISP 介入。但是，用户需要安装专用的软件（一般都是 Windows 2000 平台），限制了用户使用的平台。

VPDN 网关一般使用路由器或 VPN 专用服务器。

VPDN 隧道协议主要包括以下三种：

（1）PPTP（Point-to-Point Tunneling Protocol，点到点隧道协议）；

（2）L2F（Layer 2 Forwarding，二层转发）；

（3）L2TP。

目前使用最广泛的是 L2TP。[①]

在 L2TP 构建的 VPDN 中，网络组件包括以下三个部分。

● 远端系统

远端系统是要接入 VPDN 网络的远地用户和远地分支机构，通常是一个拨号用户的主机或私有网络的一台路由设备。

● LAC（L2TP Access Concentrator，L2TP 访问集中器）

LAC 是具有 PPP 和 L2TP 协议处理能力的设备，通常是一个当地 ISP 的 NAS（Network Access Server，网络接入服务器），主要用于为 PPP 类型的用户提供接入服务。

LAC 作为 L2TP 隧道的端点，位于 LNS 和远端系统之间，用于在 LNS 和远端系统之间传递信息包。它把从远端系统收到的信息包按照 L2TP 协议进行封装并送往 LNS，同时也将从 LNS 收到的信息包进行解封装并送往远端系统。

VPDN 应用中，LAC 与远端系统之间通常采用 PPP 链路。

● LNS（L2TP Network Server，L2TP 网络服务器）

LNS 既是 PPP 端系统，又是 L2TP 协议的服务器端，通常作为一个企业内部网的边缘设备。

LNS 作为 L2TP 隧道的另一侧端点，是 LAC 的对端设备，是 LAC 进行隧道传输的 PPP 会话的逻辑终止端点。通过在公网中建立 L2TP 隧道，将远端系统的 PPP 连接由原来的 NAS 在逻辑上延伸到了企业网内部的 LNS。

11.3　项目实施

1. 项目拓扑图

L2TP 协议实训拓扑如图 11-1 所示。

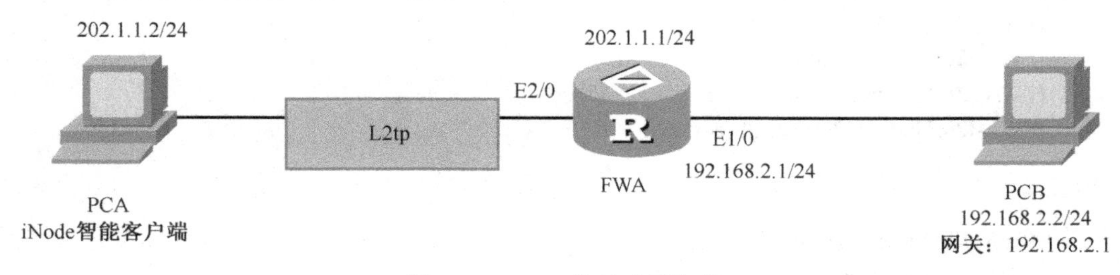

图 11-1　L2TP 协议实训拓扑

① 引用H3C 技术http://www.h3c.com.cn/Products___Technology/Technology/Security_Encrypt/Other_technology/Technology_recommend/200805/605932_30003_0.htm

2．项目实训环境准备

一台防火墙 SecPath F100-C，2 台 PC。

3．项目主要实训步骤

（1）PCA 和 PCB 按照要求配置 IP 地址。

（2）防火墙基本配置。

配置防火墙名称：

```
[H3C]sysname FWA
```

把 E1/0 接口加入 trust 区域：

```
[FWA]firewall zone trust
[FWA-zone-trust]add int e1/0
```

把 E2/0 接口加入 untrust 区域：

```
[FWA]firewall zone untrust
[FWA-zone-untrust]add int e2/0
```

设置防火墙默认规则为 permit：

```
[FWA]firewall packet-filter default permit
```

（3）FWA 的配置：

```
[FWA]l2tp enable
[FWA]ike local-name zhongxin
[FWA]domain system
[FWA-isp-system] ip pool 1 10.0.0.2 10.0.0.10
[FWA]local-user bsc
New local user added.
[FWA-luser-bsc]password simple 123
[FWA-luser-bsc]service-type ppp
[FWA]int Virtual-Template 1
[FWA-Virtual-Template1]ppp authentication-mode chap
[FWA-Virtual-Template1]ip address 10.0.0.1 24
[FWA-Virtual-Template1]remote address    pool 1
[FWA-zone-untrust]add int Virtual-Template 1
[FWA]l2tp-group 1
[FWA-l2tp1]tunnel authentication
[FWA-l2tp1]tunnel password    simple 123456
[FWA-l2tp1]allow l2tp virtual-template 1
```

配置 IP 地址：

```
[FWA-Ethernet2/0]ip addr 202.1.1.1 24
[FWA-Ethernet1/0]ip addr 192.168.2.1 24
```

（4）iNode 智能客户端 L2TP 拨号，具体操作如图 11-2～图 11-12 所示。

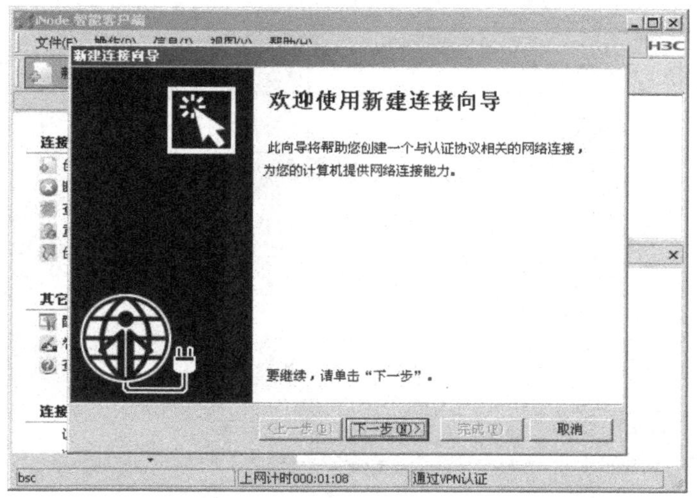

图 11-2 inode 新建连接向导

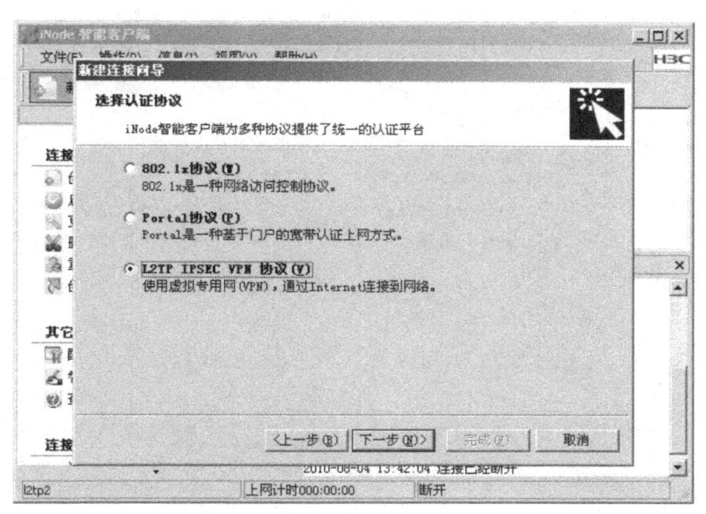

图 11-3 选择认证协议

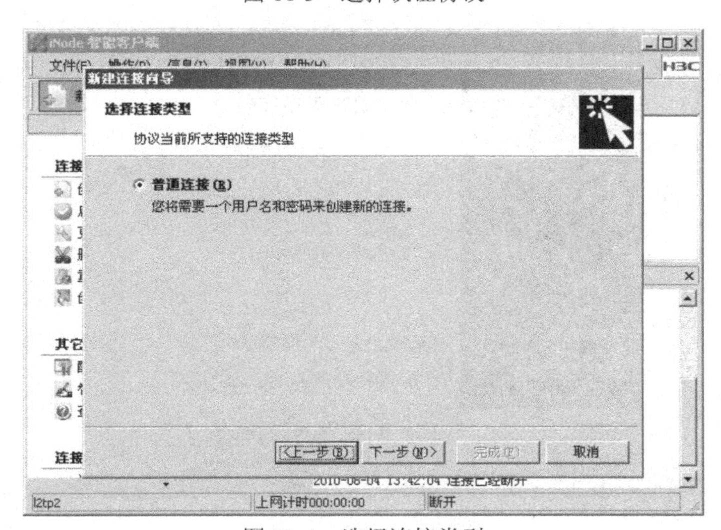

图 11-4 选择连接类型

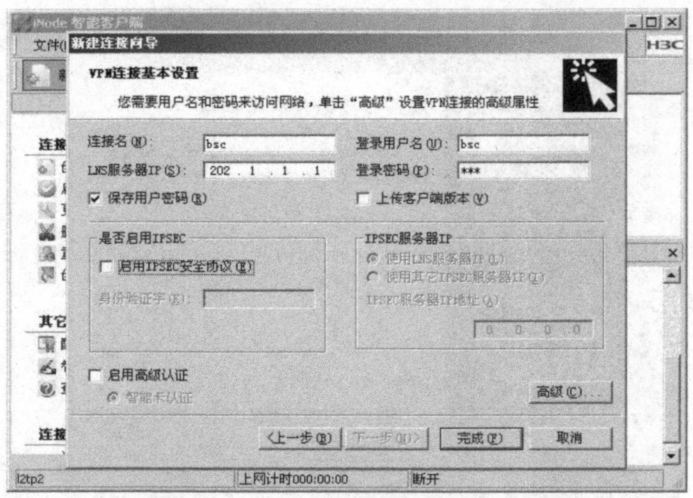

图 11-5　VPN 隧道基本设置

图 11-6　高级选项 L2TP 设置

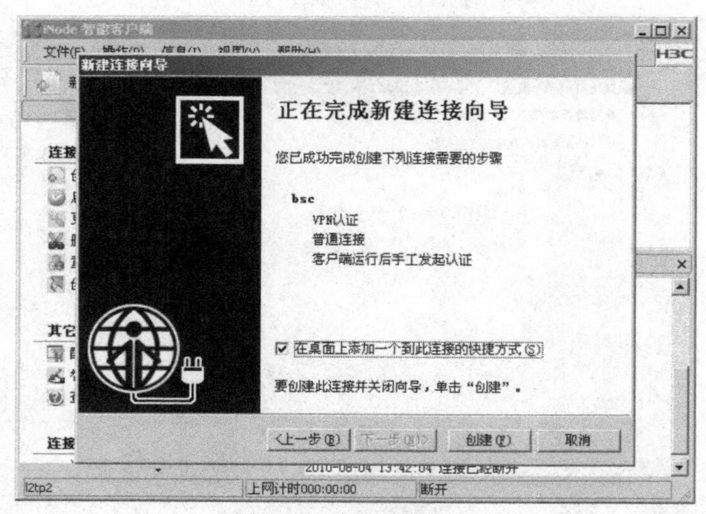

图 11-7　完成连接向导

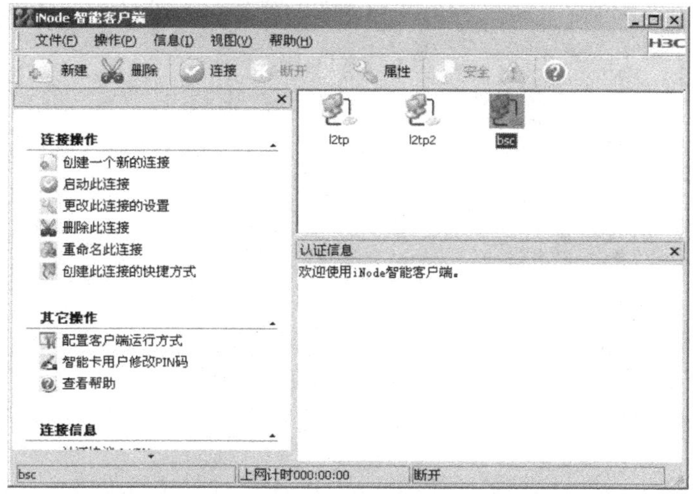

图 11-8　inode 界面出现 L2TP 新建的连接图标

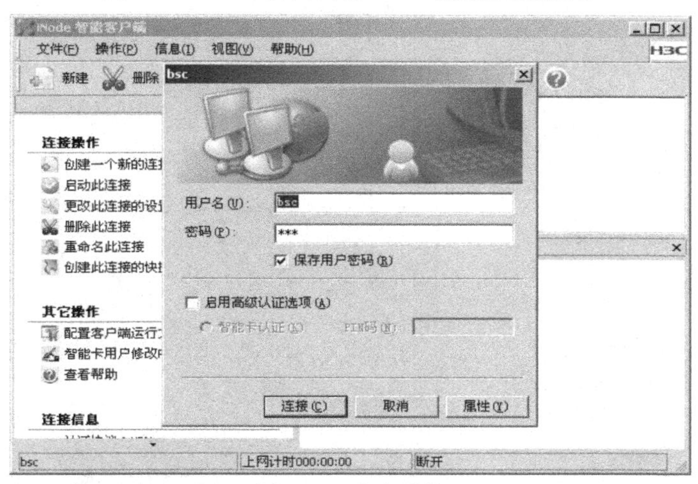

图 11-9　点击连接

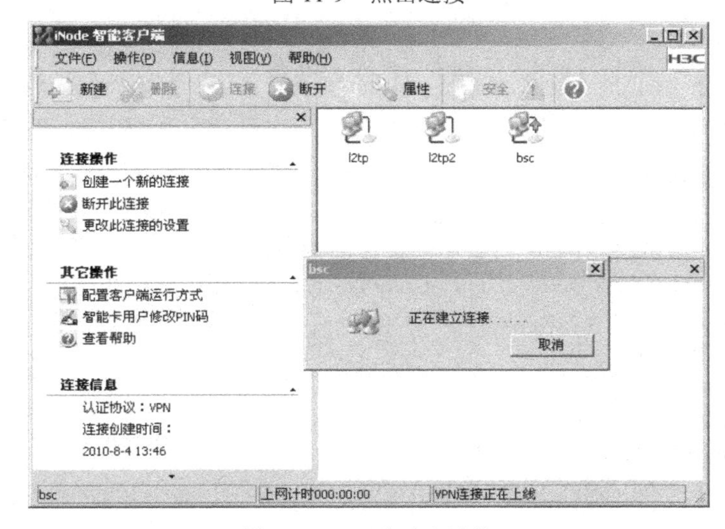

图 11-10　正在建立连接

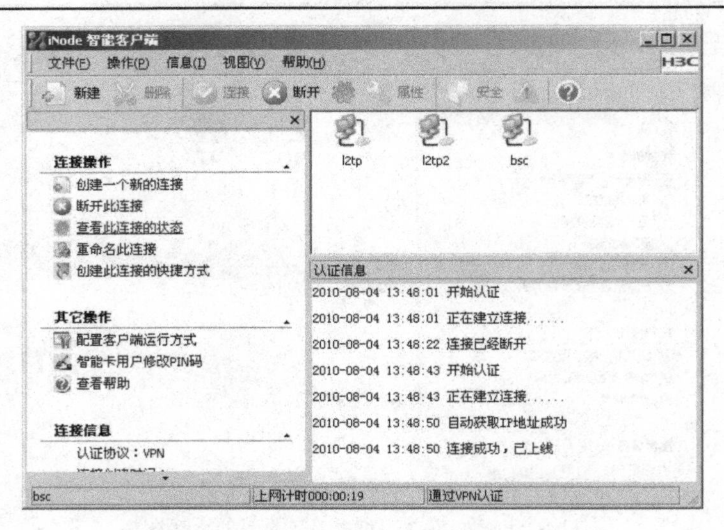

图 11-11　连接成功

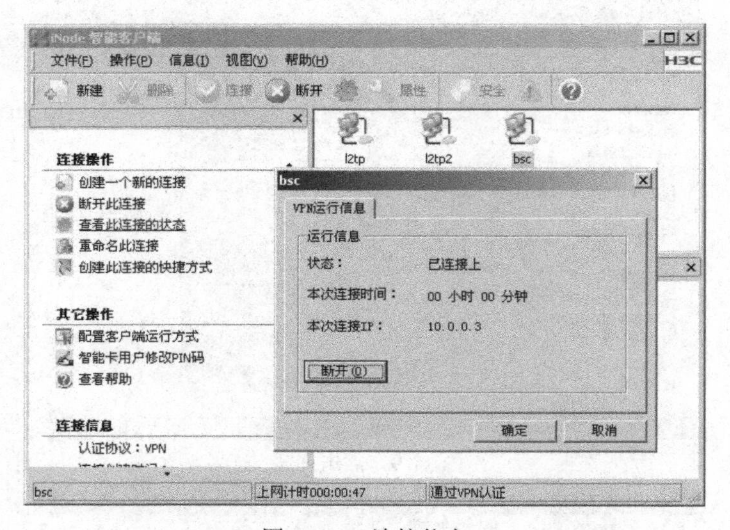

图 11-12　连接状态

（5）验证连通性：

PCA ping PCB
Pinging 192.168.2.2 with 32 bytes of data:
Reply from 192.168.2.2: bytes=32 time=6ms TTL=127
Reply from 192.168.2.2: bytes=32 time=6ms TTL=127
Reply from 192.168.2.2: bytes=32 time=6ms TTL=127
Reply from 192.168.2.2: bytes=32 time=6ms TTL=127
Ping statistics for 192.168.2.2:
    Packets: Sent = 4, Received = 4, Lost = 0 (0% loss),
Approximate round trip times in milli-seconds:
    Minimum = 6ms, Maximum = 6ms, Average = 6ms

PCA ping PCB 可以 ping 通。

（6）查看 PCA 的拨号获取的地址：

```
Ethernet adapter 本地连接 2:
    Connection-specific DNS Suffix  . :
    IP Address. . . . . . . . . . . . : 10.0.0.3
    Subnet Mask . . . . . . . . . . . : 255.255.255.255
    Default Gateway . . . . . . . . . : 10.0.0.3
```

11.4　项目总结与提高

（1）写出主要项目实施规划、步骤与实训所得的主要结论。

（2）思考 L2TP VPN 应用于哪些场景。

综合项目一　L2TP OVER IPSec 功能配置

1．项目提出

Internet 上的移动办公用户安装 iNode 智能客户端，通过和公司出口 VPN 网关建立 L2TP 隧道方式，通过 IPSec 来保护 L2TP 协议，访问公司内部资源。

2．项目分析

2.1　项目实训目的

掌握 H3C 的 L2TP OVER IPSec 功能配置。

2.2　项目实现功能

实现 iNode 智能客户端 L2TP 拨号 FWA，通过 IPSec 来保护 L2TP 协议，与 PCB 互通。

2.3　项目主要应用的技术介绍

L2TP 主要是为单个外出员工提供远程接入企业网络的方案，而 L2TP 本身不提供加密服务，因此 L2TP 结合 IPSec 就能够为外出员工提供安全可靠的远程接入解决方案：

- 外出员工的特点就是地址不固定，即采用 IKE 野蛮模式；
- 兴趣流是 L2TP 流量，即发起方到响应方的 UDP 1701 流量，因此也就表明了兴趣流也不是固定的，响应方只能采取由对端指定兴趣流方案；
- 由于如上两点原因，响应方可以采取不指定发起方；
- 由于有部分发起方要穿越 NAT，必须要使用隧道模式。

3．项目实施

3.1　项目拓扑图

L2TP OVER IPSec 功能配置如图 Z1-1 所示。

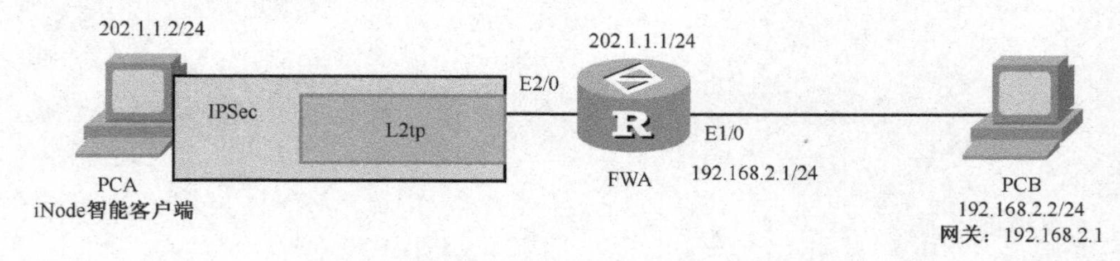

图 Z1-1　L2TP OVER IPSec 功能配置

3.2　项目实训环境准备

一台防火墙 SecPath F100-C，2 台 PC。

3.3 项目主要实训步骤

（1）PCA 和 PCB 按照要求配置 IP 地址。

（2）防火墙基本配置。

配置防火墙名称：

```
[H3C]sysname FWA
```

把 E1/0 接口加入 trust 区域：

```
[FWA]firewall zone trust
[FWA-zone-trust]add int e1/0
```

把 E2/0 接口加入 untrust 区域：

```
[FWA]firewall zone untrust
[FWA-zone-untrust]add int e2/0
```

设置防火墙默认规则为 permit：

```
[FWA]firewall packet-filter default permit
```

（3）FWA 的配置：

```
[FWA]l2tp enable
[FWA]ike local-name zhongxin
[FWA]domain system
[FWA-isp-system]ip pool 1 172.16.0.10 172.16.0.100
[FWA]local-user bsc
New local user added.
[FWA-luser-bsc]password simple 123
[FWA-luser-bsc]service-type ppp
[FWA]ike peer 1
[FWA-ike-peer-1]exchange-mode  aggressive
[FWA-ike-peer-1]pre-shared-key 123456
[FWA-ike-peer-1]id-type name
[FWA-ike-peer-1]remote-name fenzhi
[FWA-ike-peer-1]nat traversal
[FWA]ipsec proposal 1
[FWA]ipsec policy-template temp 1
[FWA-ipsec-policy-template-temp-1]ike-peer 1
[FWA-ipsec-policy-template-temp-1]proposal 1
[FWA]ipsec policy policy1 1 isakmp template temp
[FWA]int Virtual-Template 1
[FWA-Virtual-Template1]ppp authentication-mode chap
[FWA-Virtual-Template1]ip address 172.16.0.1 24
[FWA-Virtual-Template1]remote address  pool 1
[FWA-zone-untrust]add int Virtual-Template 1
[FWA]l2tp-group 1
[FWA-l2tp1]undo tunnel authentication
[FWA-l2tp1]allow l2tp virtual-template 1
```

配置 IP 地址：

```
[FWA-Ethernet2/0]ip addr 202.1.1.1 24
[FWA-Ethernet2/0]ipsec policy policy1
[FWA-Ethernet1/0]ip addr 192.168.2.1 24
```

配置默认路由：

```
[FWA]ip route-static 0.0.0.0 0.0.0.0 202.1.1.2
```

（4）iNode 智能客户端 L2TP 拨号，具体操作如图 Z1-2～图 Z1-12 所示。

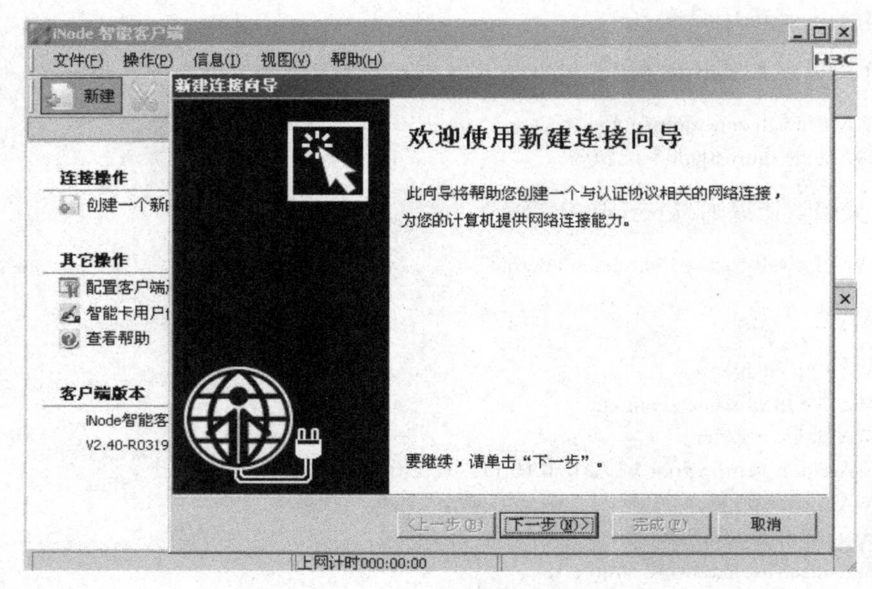

图 Z1-2　inode 新建连接向导

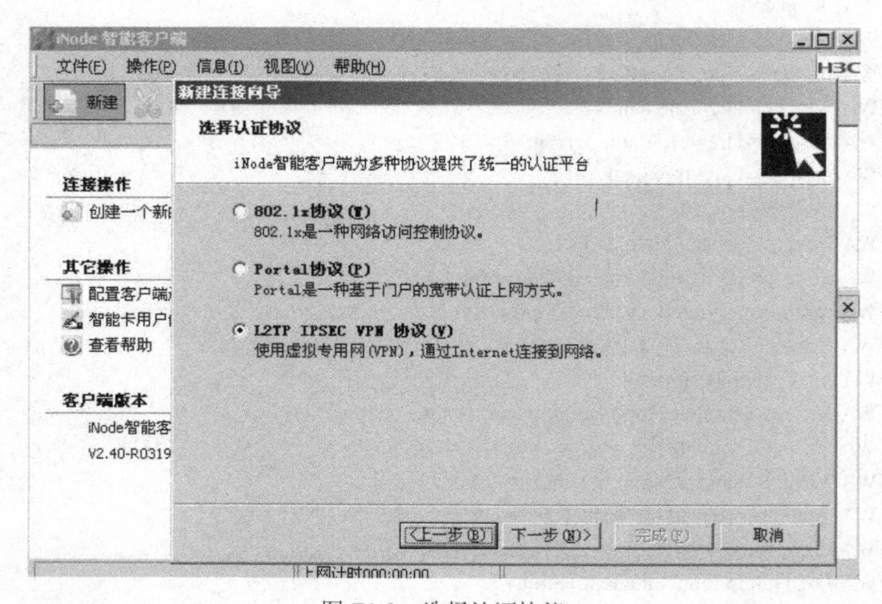

图 Z1-3　选择认证协议

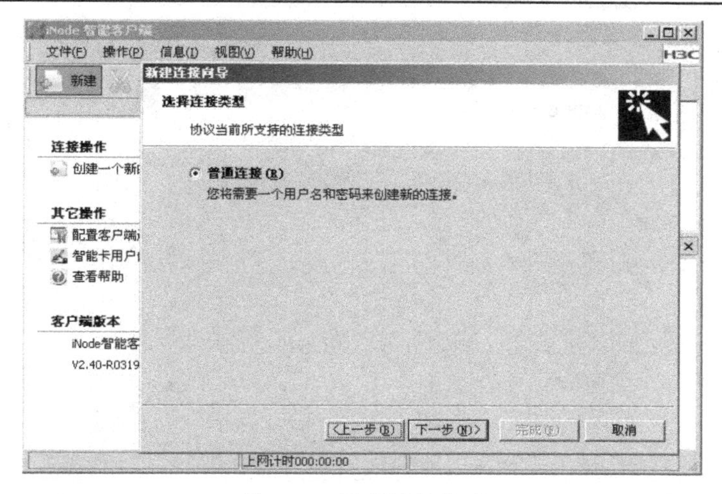

图 Z1-4　选择连接类型

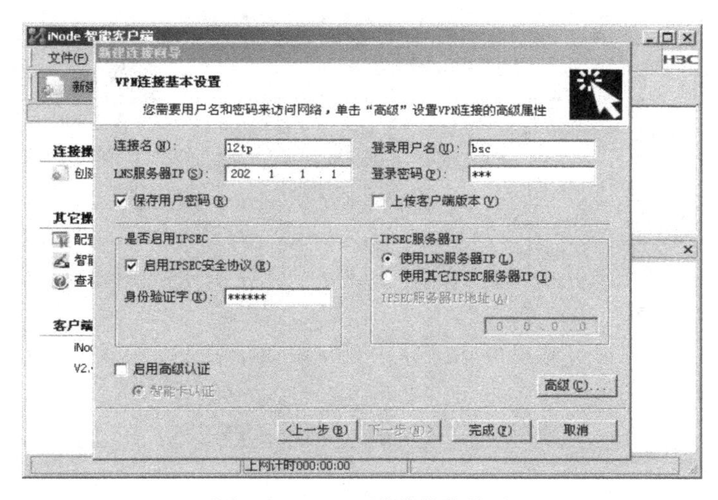

图 Z1-5　VPN 隧道基本设置

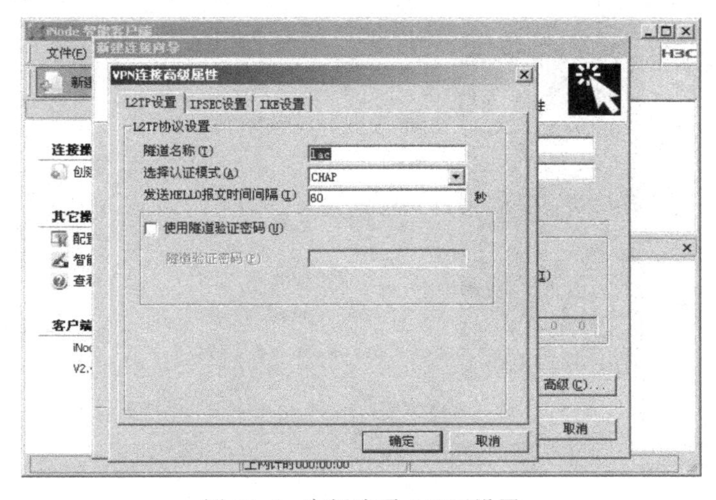

图 Z1-6　高级选项 L2TP 设置

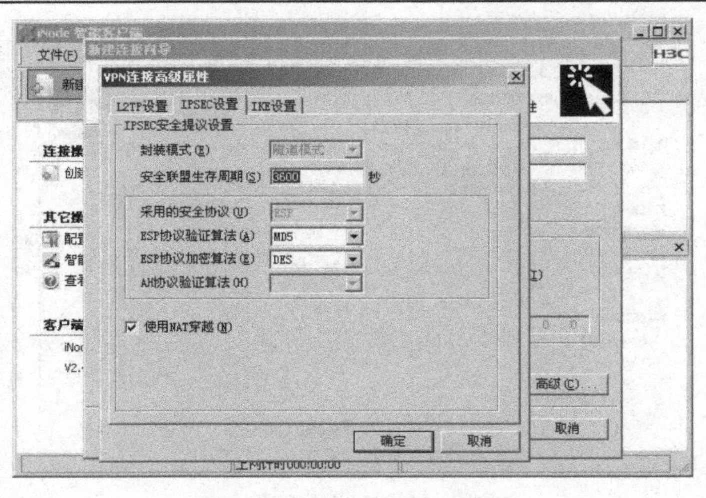

图 Z1-7　高级选项 IPSEC 设置

图 Z1-8　高级选项 IKE 设置

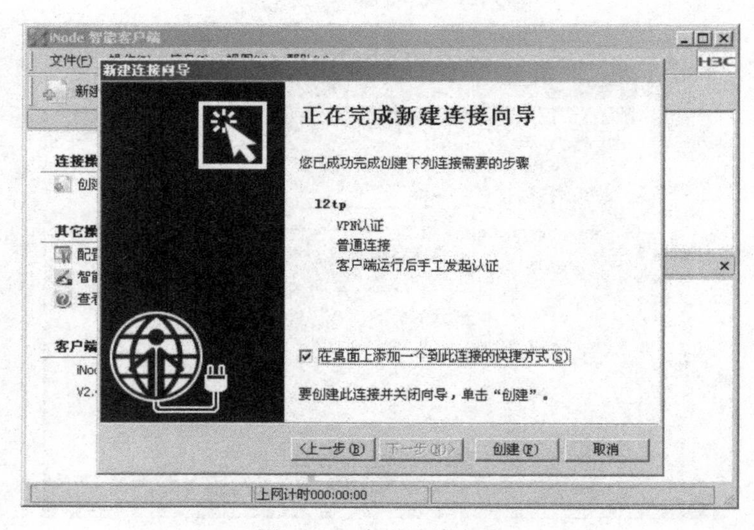

图 Z1-9　完成连接向导

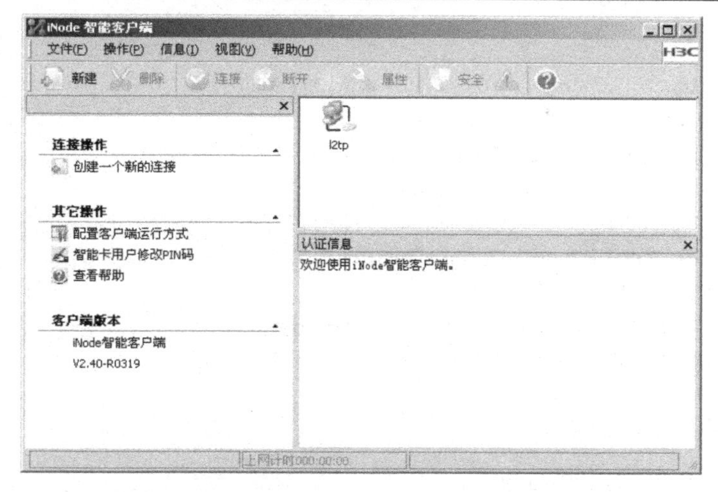

图 Z1-10　inode 界面出现 l2tp 新建的连接图标

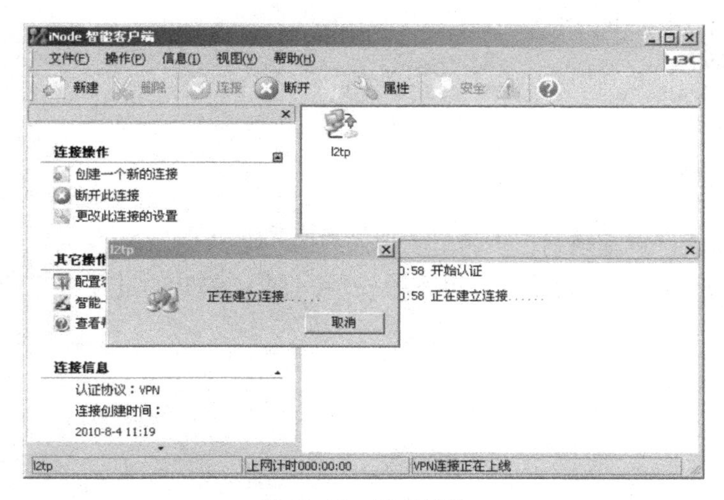

图 Z1-11　正在拨号

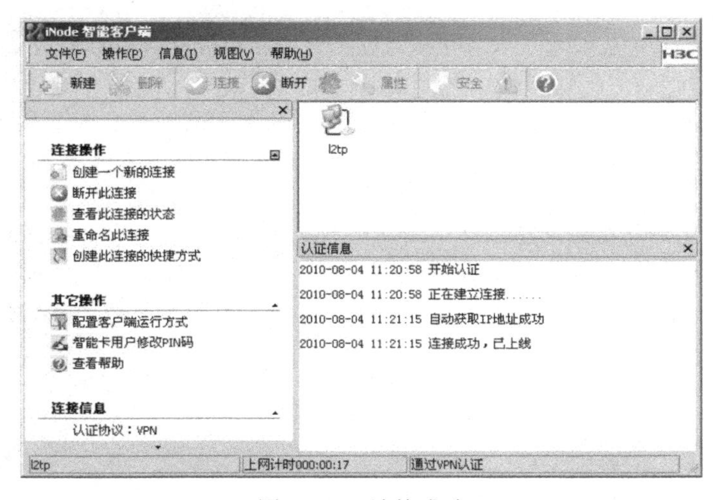

图 Z1-12　连接成功

（5）验证连通性：

```
PCA ping PCB
Pinging 192.168.2.2 with 32 bytes of data:
Reply from 192.168.2.2: bytes=32 time=6ms TTL=127
Reply from 192.168.2.2: bytes=32 time=6ms TTL=127
Reply from 192.168.2.2: bytes=32 time=6ms TTL=127
Reply from 192.168.2.2: bytes=32 time=6ms TTL=127
Ping statistics for 192.168.2.2:
    Packets: Sent = 4, Received = 4, Lost = 0 (0% loss),
Approximate round trip times in milli-seconds:
    Minimum = 6ms, Maximum = 6ms, Average = 6ms
PCA ping PCB 可以 ping 通
```

（6）查看 PCA 的拨号获取的地址：

```
Ethernet adapter 本地连接 2:
    Connection-specific DNS Suffix  . :
    IP Address. . . . . . . . . . . . : 172.16.0.11
    Subnet Mask . . . . . . . . . . . : 255.255.255.255
    Default Gateway . . . . . . . . . : 172.16.0.11
```

4. 项目总结与提高

（1）写出主要项目实施规划、步骤与实训所得的主要结论。

（2）分析 IPSec 与 L2TP 的特点，思考用 IPSec 保护 L2TP 的过程。

综合项目二　H3C SecPath GRE over IPSec 实训

1. 项目提出

某公司上海和北京各有一个公网出口 VPN 网关，两网关之间通过建立 GRE 隧道，实现两机构私网互访。由于 GRE 协议本身无法对私网数据进行加密封装，因此我们配置 IPSec 来保护 GRE 的报文。

2. 项目分析

2.1 项目实训目的

掌握 H3C GRE over IPSec 功能的配置。

2.2 项目实现功能

上海 FWA 公网地址为 202.1.1.1/24，私网地址为 192.168.1.1/24；FWB 公网地址为 202.1.1.2/24，私网地址为 192.168.2.1/24，FWA 和 FWB 建立 IPSec VPN 隧道，实现两个机构的私网互通。

2.3 项目主要应用的技术介绍

GRE（Generic Routing Encapsulation，通用路由封装）协议是对某些网络层协议（如 IP 和 IPX）的数据报文进行封装，使这些被封装的数据报文能够在另一个网络层协议（如 IP）中传输。GRE 采用了 Tunnel（隧道）技术，是 VPN（Virtual Private Network）的第三层隧道协议。Tunnel 是一个虚拟的点对点的连接，提供了一条通路使封装的数据报文能够在这个通路上传输，并且在一个 Tunnel 的两端分别对数据报进行封装及解封装。

IPSec（Internet Protocol Security）是安全联网的长期方向。它通过端对端的安全性来提供主动的保护以防止专用网络与 Internet 的攻击。在通信中，只有发送方和接收方才是唯一必须了解 IPSec 保护的计算机。在 Windows 2000、Windows XP 和 Windows Server 2003 家族中，IPSec 提供了一种能力，以保护工作组、局域网计算机、域客户端和服务器、分支机构（物理上为远程机构）、Extranet 以及漫游客户端之间的通信。IPsec 协议工作在 OSI 模型的第三层，使其在单独使用时适于保护基于 TCP 或 UDP 的协议（如安全套接子层（SSL）就不能保护 UDP 层的通信流）。

由于 IPSec 不支持对多播和广播数据包的加密，这样，使用 IPSec 的隧道中，动态路由协议等依靠多播和广播的协议就不能进行正常通告，所以，这时候要配合 GRE 隧道，GRE 隧道会将多播和广播数据包封装到单播包中，再经过 IPSec 加密。

此外由于 GRE 建立的是简单的，不进行加密的 VPN 隧道，它通过在物理链路中使用 IP 地址和路由穿越普通网络，因此很常见的方法就是使用 IPSec 对 GRE 进行加密，提供数据安全保证。

GRE Over IPSec 是指先把数据分装成 GRE 包，然后再分装成 IPSec 包。做法是在物理接口上监控，是否有需要加密的 GRE 流量（访问控制列表针对 GRE 两端的设备 IP），所有的这两个端点的 GRE 数据流将被加密分装为 IPSec 包再进行传递，这样保证的是所有的数据包都会被加密，包括隧道的建立和路由的建立和传递。

3．项目实施

3.1　项目拓扑图

IPSec VPN 野蛮模式 NAT 穿越拓扑如图 Z2-1 所示。

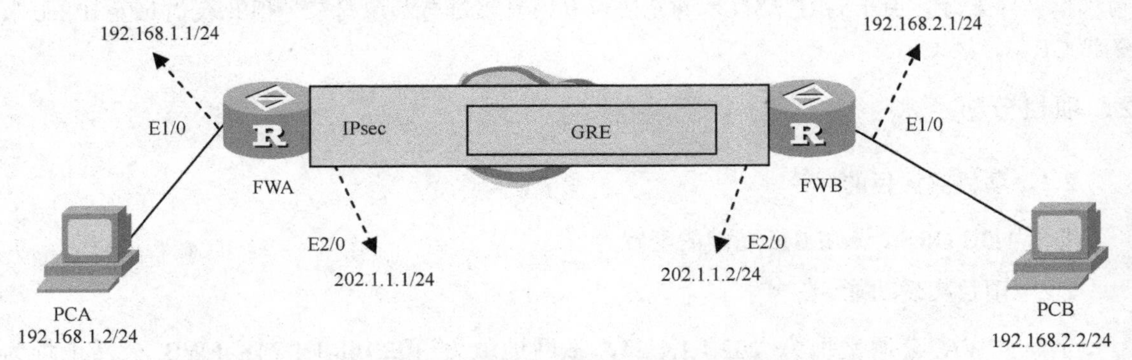

图 Z2-1　IPSec VPN 野蛮模式 NAT 穿越拓扑

3.2　项目实训环境准备

两台防火墙 SecPath F100-C，两台 PC。

3.3　项目主要实训步骤

（1）PCA 和 PCB 按照要求配置 IP 地址。

（2）防火墙基本配置。

配置防火墙名称：

```
[H3C]sysname FWA
[H3C]sysname FWB
```

分别把 E1/0 接口加入 trust 区域：

```
[FWA]firewall zone trust
[FWA-zone-trust]add int e1/0
[FWB]firewall zone    trust
[FWB-zone-trust]add int e1/0
```

分别把 E2/0 接口加入 untrust 区域：

```
[FWA]firewall zone untrust
[FWA-zone-untrust]add int e2/0
[FWB]firewall zone    untrust
[FWB-zone-untrust]add int e2/0
```

设置防火墙默认规则为 permit：

```
[FWA]firewall packet-filter default permit
[FWB]firewall packet-filter default permit
```

（3）FWA 的配置。

① 定义 IKE 本端名称：

```
[FWA]ike local-name fwa
```

ike peer 配置，预设密码为 test：

```
[FWA]ike peer fwb
[FWA-ike-peer-fwb]pre-shared-key test
[FWA-ike-peer-fwb]remote-address 202.1.1.2
[FWA-ike-peer-fwb]local-address 202.1.1.1
```

② 定义 IPSec 提议：

```
[FWA]ipsec proposal fwb
```

③ 定义 IPSec 策略，协商方式为 isakmp，即使用 IKE 协商：

```
[FWA]ipsec policy fwb 1 isakmp
[FWA-ipsec-policy-isakmp-fwb-1]security acl 3000
[FWA-ipsec-policy-isakmp-fwb-1]ike-peer fwb
[FWA-ipsec-policy-isakmp-fwb-1]proposal fwb
```

④ 配置访问控制列表和规则：

```
[FWA]acl number 3000
[FWA-acl-adv-3000] rule 0 permit gre source 202.1.1.1 0 destination 202.1.1.2 0
```

⑤ 配置 GRE 的 Tunnel 接口：

```
[FWA]interface Tunnel 1
[FWA-Tunnel1]ip addr 2.1.1.1 30
[FWA-Tunnel1]source 202.1.1.1
[FWA-Tunnel1]destination 202.1.1.2
Tunnel 1 加入 trust 域
[FWA-zone-trust]add int Tunnel 1
```

⑥ 配置 IP 地址，应用 IPSec 策略：

```
[FWA-Ethernet1/0]ip addr 192.168.1.1 24
[FWA-Ethernet2/0]ip addr 202.1.1.1 24
[FWA-Ethernet2/0]ipsec policy fwb
```

⑦ 配置静态路由：

```
[FWA]ip route-static 192.168.1.0 24 Tunnel 1 preference 60
```

（4）FWB 的配置。

① 定义 IKE 本端名称：

```
[FWB]ike local-name fwb
```

ike peer 配置，预设密码为 test：

```
[FWB]ike peer fwa
[FWB-ike-peer-fwa]pre-shared-key test
[FWB-ike-peer-fwa]remote-address 202.1.1.1
[FWB-ike-peer-fwa]local-address 202.1.1.2
```

② 定义 IPSec 提议：

```
[FWB]ipsec proposal fwa
```

定义 IPSec 策略，协商方式为 isakmp，即使用 IKE 协商：

```
[FWB]ipsec policy fwa 1 isakmp
[FWB-ipsec-policy-isakmp-fwa-1]security acl 3000
[FWB-ipsec-policy-isakmp-fwa-1]ike-peer fwa
[FWB-ipsec-policy-isakmp-fwa-1]proposal fwa
```

③ 配置访问控制列表和规则：

```
[FWB]acl number 3000
[FWB-acl-adv-3000]rule 0 permit gre source 202.1.1.2 0 destination 202.1.1.1 0
```

④ 配置 GRE 的 Tunnel 接口：

```
[FWB]interface Tunnel 1
[FWB-Tunnel1]ip addr 2.1.1.2 30
[FWB-Tunnel1]source 202.1.1.2
[FWB-Tunnel1]destination 202.1.1.1
Tunnel 1 加入 trust 域
[FWB-zone-trust]add int Tunnel 1
```

⑤ 配置 IP 地址，应用 IPSec 策略：

```
[FWB-Ethernet1/0]ip addr 192.168.2.1 24
[FWB-Ethernet2/0]ip addr 202.1.1.2 24
[FWB-Ethernet2/0]ipsec policy fwa
```

⑥ 配置静态路由：

```
[FWB]ip route-static 192.168.1.0 24 Tunnel 1 preference 60
```

（5）验证连通性：

```
PCA ping PCB
D:\>ping 192.168.2.2
Pinging 192.168.2.2 with 32 bytes of data:
Request timed out
Reply from 192.168.2.2: bytes=32 time=15ms TTL=126
Reply from 192.168.2.2: bytes=32 time=12ms TTL=126
Reply from 192.168.2.2: bytes=32 time=12ms TTL=126
Ping statistics for 192.168.2.2:
    Packets: Sent = 4, Received = 3, Lost = 1 (25% loss),
Approximate round trip times in milli-seconds:
    Minimum = 12ms, Maximum = 15ms, Average = 13ms
```

从 PC1 ping PC2，可以 ping 通。但第一个报文不通，这是因为第一个报文要触发 IPSec 协商，而此时 IPSec 安全联盟还未建立起来，所以无法为第一包提供加密服务，因此第一个报文被丢弃。而当后续报文到达设备时，IPSec 安全联盟已经建立，因此后续数据包可以通过。

注意：

（1）先定义 ACL 和保证需要加密的数据 IP 可达；

（2）要定义 IKE Peer、IPSec Proposal 和 IPSec Policy；

（3）注意上述配置中只有 IPSec Policy 配置需要引用 IPSec Proposal 和 IKE Peer，其余配置不相干；

（4）将定义好的 IPSec Policy 绑定到指定的出接口。

4. 项目总结与提高

（1）写出主要项目实施规划、步骤与实训所得的主要结论。

（2）查阅资料，分析 GRE over IPSec 的封装过程。

综合项目三　H3C SecPath IPSec over GRE 实训

1．项目提出

某公司上海和北京各有一个公网出口 VPN 网关，两网关之间通过建立 VPN 隧道，实现两机构私网互访，我们在此采用 VPN 为 IPSec over GRE。

2．项目分析

2.1　项目实训目的

掌握 H3C IPSec over GRE 功能的配置。

2.2　项目实现功能

上海 FWA 公网地址为 202.1.1.1/24，私网地址为 192.168.1.1/24；北京 FWB 公网地址为 202.1.12/24，私网地址为 192.168.2.1/24，FWA 和 FWB 之间建立 IPSec over GRE 的 VPN 隧道，实现两个机构的私网互通。

2.3　项目主要应用的技术介绍

GRE（Generic Routing Encapsulation，通用路由封装）协议是对某些网络层协议（如 IP 和 IPX）的数据报文进行封装，使这些被封装的数据报文能够在另一个网络层协议（如 IP）中传输。GRE 采用了 Tunnel（隧道）技术，是 VPN（Virtual Private Network）的第三层隧道协议。Tunnel 是一个虚拟的点对点的连接，提供了一条通路使封装的数据报文能够在这个通路上传输，并且在一个 Tunnel 的两端分别对数据报进行封装及解封装。

IPSec（Internet Protocol Security）是安全联网的长期方向。它通过端对端的安全性来提供主动的保护以防止专用网络与 Internet 的攻击。在通信中，只有发送方和接收方才是唯一必须了解 IPSec 保护的计算机。在 Windows 2000、Windows XP 和 Windows Server 2003 家族中，IPSec 提供了一种能力，以保护工作组、局域网计算机、域客户端和服务器、分支机构（物理上为远程机构）、Extranet 以及漫游客户端之间的通信。IPSec 协议工作在 OSI 模型的第三层，使其在单独使用时适于保护基于 TCP 或 UDP 的协议（如安全套接子层（SSL）就不能保护 UDP 层的通信流）。

由于 IPSec 不支持对多播和广播数据包的加密，这样，使用 IPSec 的隧道中，动态路由协议等依靠多播和广播的协议就不能进行正常通告，因此这时候要配合 GRE 隧道，GRE 隧道会将多播和广播数据包封装到单播包中，再经过 IPSec 加密。

此外由于 GRE 建立的是简单的，不进行加密的 VPN 隧道，它通过在物理链路中使用 IP 地址和路由穿越普通网络，因此很常见的方法就是使用 IPSec 对 GRE 进行加密，提供数据安全保证。

IPSec Over GRE 即 IPSec 在里，GRE 在外。先把需要加密的数据包封装成 IPSec 包，然后再扔到 GRE 隧道里。方法是把 IPSec 的加密图作用在 Tunnel 口上，即在 Tunnel 口上监控（访问控制列表监控本地 IP 网段-源和远端 IP 网段-目的地），是否有需要加密的数据流，有则先加密封装为 IPSec 包，然后封装成 GRE 包进入隧道（这里显而易见的是，GRE 隧道始终无论如何都是存在的，即 GRE 隧道的建立过程并没有被加密），同时，未在访问控制列表里的数据流将以不加密的状态直接走 GRE 隧道，即存在有些数据可能被不安全地传递的状况。

3. 项目实施

3.1 项目拓扑图

H3C SecPath IPSec over GRE 实训拓扑如图 Z3-1 所示。

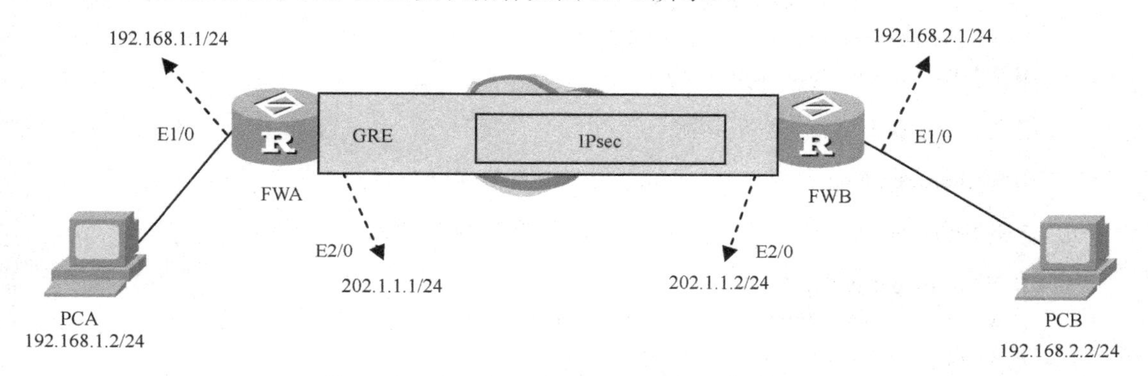

图 Z3-1　H3C SecPath IPSec over GRE 实训拓扑

3.2 项目实训环境准备

两台防火墙 SecPath F100-C，两台 PC。

3.3 项目主要实训步骤

（1）PCA 和 PCB 按照要求配置 IP 地址。

（2）防火墙基本配置。

配置防火墙名称：

```
[H3C]sysname FWA
[H3C]sysname FWB
```

分别把 E1/0 接口加入 trust 区域：

```
[FWA]firewall zone trust
[FWA-zone-trust]add int e1/0
[FWB]firewall zone  trust
[FWB-zone-trust]add int e1/0
```

分别把 E2/0 接口加入 untrust 区域：

```
[FWA]firewall zone untrust
[FWA-zone-untrust]add int e2/0
[FWB]firewall zone  untrust
[FWB-zone-untrust]add int e2/0
```

设置防火墙默认规则为 permit：

```
[FWA]firewall packet-filter default permit
[FWB]firewall packet-filter default permit
```

（3）FWA 的配置。

① 定义 IKE 本端名称：

```
[FWA]ike local-name fwa
```

ike peer 配置，预设密码为 test。

```
[FWA]ike peer fwb
[FWA-ike-peer-fwb]pre-shared-key test
[FWA-ike-peer-fwb]remote-address 2.1.1.2
[FWA-ike-peer-fwb]local-address 2.1.1.1
```

② 定义 IPSec 提议：

```
[FWA]ipsec proposal fwb
```

③ 定义 IPSec 策略，协商方式为 isakmp，即使用 IKE 协商：

```
[FWA]ipsec policy fwb 1 isakmp
[FWA-ipsec-policy-isakmp-fwb-1]security acl 3000
[FWA-ipsec-policy-isakmp-fwb-1]ike-peer fwb
[FWA-ipsec-policy-isakmp-fwb-1]proposal fwb
```

④ 配置访问控制列表和规则：

```
[FWA]acl number 3000
[FWA-acl-adv-3000] rule 5 permit ip source 192.168.1.0 0.0.0.255 destination 192.168.2.0 0.0.0.255
```

⑤ 配置 GRE 的 Tunnel 接口：

```
[FWA]interface Tunnel 1
[FWA-Tunnel1]ip addr 2.1.1.1 30
[FWA-Tunnel1]source 202.1.1.1
[FWA-Tunnel1]destination 202.1.1.2
[FWA-Tunnel1]ipsec policy fwb
```

Tunnel 1 加入 trust 域：

```
[FWA-zone-trust]add int Tunnel 1
```

配置 IP 地址：

```
[FWA-Ethernet1/0]ip addr 192.168.1.1 24
[FWA-Ethernet2/0]ip addr 202.1.1.1 24
```

⑥ 指定到达对端私网的路由：

```
[FWA]ip route-static 192.168.2.0 24 2.1.1.2 preference 60
```

（4）FWB 的配置。

① 定义 IKE 本端名称：

```
[FWB]ike local-name fwb
```

ike peer 配置，预设密码为 test。

```
[FWB]ike peer fwa
[FWB-ike-peer-fwa]pre-shared-key test
[FWB-ike-peer-fwa] remote-address 2.1.1.1
[FWB-ike-peer-fwa]local-address 2.1.1.2
```

② 定义 IPSec 提议：

```
[FWB]ipsec proposal fwa
```

③ 定义 IPSec 策略，协商方式为 isakmp，即使用 IKE 协商：

```
[FWB]ipsec policy fwa 1 isakmp
[FWB-ipsec-policy-isakmp-fwa-1]security acl 3000
[FWB-ipsec-policy-isakmp-fwa-1]ike-peer fwa
[FWB-ipsec-policy-isakmp-fwa-1]proposal fwa
```

④ 配置访问控制列表和规则：

```
[FWB]acl number 3000
[FWB-acl-adv-3000]rule 5 permit ip source 192.168.2.0 0.0.0.255 destination 192.168.1.0 0.0.0.255
```

⑤ 配置 GRE 的 Tunnel 接口：

```
[FWB]interface Tunnel 1
[FWB-Tunnel1]ip addr 2.1.1.2 30
[FWB-Tunnel1]source 202.1.1.2
[FWB-Tunnel1]destination 202.1.1.1
[FWB-Tunnel1]ipsec policy fwa
```

Tunnel 1 加入 trust 域：

```
[FWB-zone-trust]add int Tunnel 1
```

⑥ 配置 IP 地址：

```
[FWB-Ethernet1/0]ip addr 192.168.2.1 24
[FWB-Ethernet2/0]ip addr 202.1.1.2 24
```

指定到达对端私网的路由：

```
[FWB]ip route-static 192.168.1.0 24 2.1.1.1 preference 60
```

（5）验证连通性：

```
PCA ping PCB
D:\>ping 192.168.2.2
Pinging 192.168.2.2 with 32 bytes of data:
Request timed out
```

```
Reply from 192.168.2.2: bytes=32 time=15ms TTL=126
Reply from 192.168.2.2: bytes=32 time=12ms TTL=126
Reply from 192.168.2.2: bytes=32 time=12ms TTL=126
Ping statistics for 192.168.2.2:
    Packets: Sent = 4, Received = 3, Lost = 1 (25% loss),
Approximate round trip times in milli-seconds:
    Minimum = 12ms, Maximum = 15ms, Average = 13ms
```

从 PC1 ping PC2，可以 ping 通。但第一个报文不通，这是因为第一个报文要触发 IPSec 协商，而此时 IPSec 安全联盟还未建立起来，所以无法为第一包提供加密服务，因此第一个报文被丢弃。而当后续报文到达设备时，IPSec 安全联盟已经建立，因此后续数据包可以通过。

注意：

① 先定义 ACL 和保证需要加密的数据 IP 可达；

② 要定义 IKE Peer、IPSec Proposal 和 IPSec Policy；

③ 注意上述配置中只有 IPSec Policy 配置需要引用 IPSec Proposal 和 IKE Peer，其余配置不相干；

④ 将定义好的 IPSec Policy 绑定到指定的出接口。

4. 项目总结与提高

（1）写出主要项目实施规划、步骤与实训所得的主要结论。

（2）查阅资料，分析 IPSec over GRE 的封装过程，比较与 GRE over IPSec 的不同。

项目十二　L2TP 穿过 NAT 接入 LNS 功能配置

12.1　项目提出

移动用户通过 L2TP 客户端软件接入 LNS 以访问总部内网，但 LNS 的地址为内网地址，需要通过 NAT 服务器后才能接入。

12.2　项目分析

1．项目实训目的

掌握 H3C SecPath L2TP 穿过 NAT 接入 LNS 功能的配置。

2．项目实现功能

移动用户通过 L2TP 穿过 NAT 接入 LNS 可以访问总部内网。

3．项目主要应用的技术介绍

L2TP（Layer 2 Tunnel Protocol）称为二层隧道协议，是为在用户和企业的服务器之间透明传输 PPP 报文而设置的隧道协议，L2TP 最大的优势在于充分利用了 PPP 协议的优势，提供了认证、地址分配等功能，非常适合远程用户或者分支机构通过 Internet 连接企业总部的私网。从某个角度来讲，L2TP 实际上是一种 PPPoIP 的应用，就和 PPPoE、PPPoA、PPPoFR 一样，都是一些网络应用想利用 PPP 的一些特性，弥补本网络自身的不足。

为了支持 L2TP 这种 PPPoIP 的应用，各厂家引进了虚接口去处理。一般都使用 VT 口作为一个配置管理的载体，VT 如何具体去实现，各厂家在实现上有些细微的差别。

L2TP 中定义了 3 个角色，CLIENT、LAC、LNS。LAC 与 LNS 间是一个 IP 网络，LAC 与 CLIENT 之间一般是一个 PPP 链路（常用的是 PPPoE、DDR 方式的 PPP 等）。L2TP 的目的是在 CLINET 与 LNS 之间建立一条跨 LAC 的 PPP 链路，LAC 透明传输 PPP 包文（封装到 IP 包文，具体是 UDP）到 LNS。

在 L2TP 应用中，PPP 链路建立过程是这样的，首先是 CLINET 与 LAC 间进行 LCP 协商，一般接着会进行验证，验证通过后，LAC 开始将验证包文等后续包文透明传送到 LNS，也就是相当于在 LNS 与 CLINET 之间接着进行验证与 IPCP 协商，IPCP 协商通过后，PPP 链路就建立了。

NAT 主要用于解决 IPv4 地址紧缺问题，在目前网络中 NAT 应用非常广泛，特别是在企业网出口网关大都使用了 NAT 技术解决公网地址不足的问题。

L2TP 实际上就是完成 PPP Over IP 的工作，L2TP 首先需要建立 L2TP Tunnel，然后在 L2TP Tunnel 上建立 Incoming 或者 Outgoing Session，最后建立 PPP Session，所有的 L2TP 需要承载的数据信息都是在 PPP 连接中进行传递的。

- L2TP Tunnel：用于建立 L2TP 控制连接，并且确定本地和远程的 Tunnel ID，Tunnel ID 是本地有效的。所有后续的 L2TP 报文都必须在建立了 Tunnel 以后在 Tunnel 中传输，建立 L2TP 控制连接需要完成检查 Peer ID、检查 Peer L2TP 版本以及协商 Peer 的能力等过程。

- L2TP Session：可以是 Incoming Session（由 LAC 发起）或者 Outgoing Session（由 LNS 发起），L2TP Session 的主要作用是协商 Session ID（也是本地有效）、认证呼叫类型（Modem、ISDN）、认证呼叫信息（Calling Number、Called Number 和 Subaddress）等。
- PPP Session：LAC 将 Client 的 PPP 信息通过 L2TP Session 透传给 LNS，使 Client 和 LNS 之间建立一个 PPP Session，透传的 PPP 信息包括 LCP 和 NCP 的所有参数，由 LNS 对 Client 进行认证以及地址的分配。

L2TP 隧道协商过程中，没有使用到 IP 地址信息，可以说该协议是与 NAT 可以共存的。

12.3 项目实施

1．项目拓扑图

IPSec VPN 野蛮模式 NAT 穿越拓扑如图 12-1 所示。

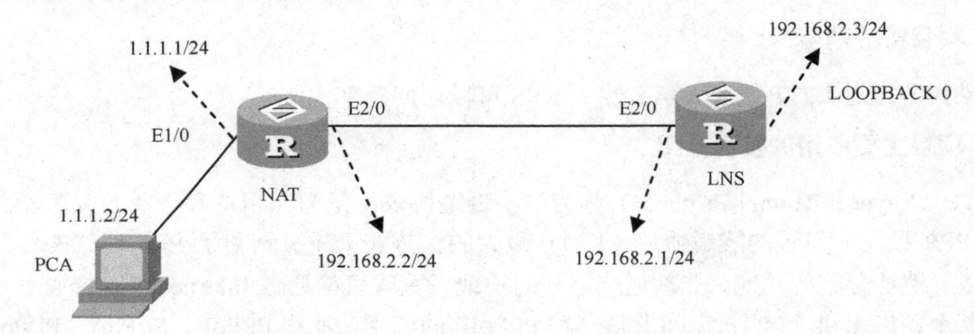

图 12-1 IPSec VPN 野蛮模式 NAT 穿越拓扑

2．项目实训环境准备

两台防火墙 SecPath F100-C，一台 PC。

3．项目主要实训步骤

（1）PCA 和 PCB 按照要求配置 IP 地址。

（2）防火墙基本配置。

配置防火墙名称：

```
[H3C]sysname NAT
[H3C]sysname LNS
```

分别把 E1/0 接口加入 trust 区域：

```
[NAT]firewall zone trust
[NAT -zone-trust]add int e1/0
[LNS]firewall zone    trust
[LNS -zone-trust]add int e1/0
```

分别把 E2/0 接口加入 untrust 区域：

```
[NAT]firewall zone untrust
[NAT -zone-untrust]add int e2/0
[LNS]firewall zone   untrust
[LNS -zone-untrust]add int e2/0
```

设置防火墙默认规则为 permit：

```
[NAT]firewall packet-filter default permit
[LNS]firewall packet-filter default permit
```

（3）NAT 的配置：

```
[NAT]acl number 2000
[NAT-acl-basic-2000]rule 0 permit source 192.168.2.0 0.0.0.255
[NAT-acl-basic-2000]rule 5 deny
[NAT-Ethernet1/0]nat outbound 2000
[NAT-Ethernet1/0]nat server protocol udp global 1.1.1.1 an inside 192.168.2.1 any
```

配置 IP 地址：

```
[NAT-Ethernet1/0]ip addr 1.1.1.1 8
[NAT-Ethernet2/0]ip addr 192.168.2.2 24
```

（4）LNS 的配置：

```
[LNS]l2tp enable
[LNS]domain h3c
New Domain added.
[LNS-isp-h3c]ip pool 1 10.1.1.2 10.1.1.10
[LNS]local-user bsc
New local user added.
[LNS-luser-bsc]password simple bsc
[LNS-luser-bsc]service-type ppp
[LNS]l2tp-group 1
[LNS-l2tp1]undo tunnel authentication
[LNS-l2tp1]allow l2tp virtual-template 0
[LNS]interface Virtual-Template 0
[LNS-Virtual-Template0]ppp authentication-mode pap domain h3c
[LNS-Virtual-Template0]ppp pap local-user bsc password simple bsc
[LNS-Virtual-Template0]remote address pool 1
[LNS-Virtual-Template0]ip addr 10.1.1.1 24
[LNS-zone-untrust]add int Virtual-Template 0
[LNS-Ethernet2/0]ip addr 192.168.2.1 24
[LNS-LoopBack0]ip addr 192.168.2.3 32
```

配置缺省路由：

```
[LNS]ip route-static 0.0.0.0 0.0.0.0 192.168.2.2
```

（5）验证连通性：

PCA ping 192.168.2.3（内网地址）

```
D:\>ping 192.168.2.3
```

```
Pinging 192.168.2.3 with 32 bytes of data:
Reply from 192.168.2.3: bytes=32 time=12ms TTL=126
Reply from 192.168.2.3: bytes=32 time=12ms TTL=126
Reply from 192.168.2.3: bytes=32 time=12ms TTL=126
Reply from 192.168.2.3: bytes=32 time=12ms TTL=126
```

从 PCA ping 内网 loopback 口，可以 ping 通。

（6）查看 PC 的拨号 IP：

Ethernet adapter 本地连接 2:

```
Connection-specific DNS Suffix  . :
IP Address. . . . . . . . . . . . . . : 10.1.1.4
Subnet Mask . . . . . . . . . . . . : 255.255.255.255
Default Gateway . . . . . . . . . : 10.1.1.4
```

12.4 项目总结与提高

（1）写出主要项目实施规划、步骤与实训所得的主要结论。

（2）查阅互联网资源，理解 LAC 与 LNS 的作用。

项目十三　L2TP 多域接入功能的配置

13.1　项目提出

LNS 上设置了 2 个域 h3c.com 和 163.com，分别对不同用户提供接入，h3c.com 域的用户网段是 192.168.0.0/24，163.com 是 192.168.1.0/24，用户使用 iNode 作为客户端接入。

13.2　项目分析

1．项目实训目的

掌握 H3C SecPath L2TP 多域接入功能的配置。

2．项目实现功能

LNS 为不同的移动用户提供 L2TP 多域接入功能。

3．项目主要应用的技术介绍

（1）L2TP 基础知识。

在 L2TP 构建的 VPDN 中，网络组件包括以下三个部分。

- 远端系统

远端系统是要接入 VPDN 网络的远地用户和远地分支机构，通常是一个拨号用户的主机或私有网络的一台路由设备。

- LAC（L2TP Access Concentrator，L2TP 访问集中器）

LAC 是具有 PPP 和 L2TP 协议处理能力的设备，通常是一个当地 ISP 的 NAS（Network Access Server，网络接入服务器），主要用于为 PPP 类型的用户提供接入服务。

LAC 作为 L2TP 隧道的端点，位于 LNS 和远端系统之间，用于在 LNS 和远端系统之间传递信息包。它把从远端系统收到的信息包按照 L2TP 协议进行封装并送往 LNS，同时也将从 LNS 收到的信息包进行解封装并送往远端系统。

VPDN 应用中，LAC 与远端系统之间通常采用 PPP 链路。

- LNS（L2TP Network Server，L2TP 网络服务器）

LNS 既是 PPP 端系统，又是 L2TP 协议的服务器端，通常作为一个企业内部网的边缘设备。

LNS 作为 L2TP 隧道的另一侧端点，是 LAC 的对端设备，是 LAC 进行隧道传输的 PPP 会话的逻辑终止端点。通过在公网中建立 L2TP 隧道，将远端系统的 PPP 连接由原来的 NAS 在逻辑上延伸到了企业网内部的 LNS。

（2）L2TP 多域接入功能应用场景

多个企业共用一个 LNS，且采用相同的 LAC 隧道对端名称，不同的企业用户需要与自己的总部进行通信，网络的地址采用的是私有地址。一般情况下，用户无法通过 Internet 直接访问企业内部的服务器。通过建立 VPN 并支持多域，用户就可以访问自己企业内部网络的数据。

安全网关支持同时作为 LAC 及 LNS，并支持同时有多路用户呼入；只要内存及线路不受限制，L2TP 可以同时接收和发起多个呼叫。这些复杂组网的需求及配置可以综合参考以上的几种组网情况，综合应用。

特别需要注意的是静态路由的配置，许多应用是依靠路由来发起的。

13.3 项目实施

1. 项目拓扑图

L2TP 多域接入功能的配置如图 13-1 所示。

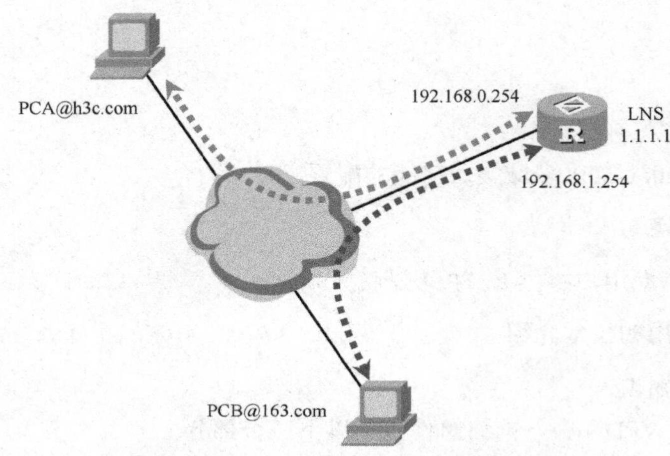

图 13-1 L2TP 多域接入功能的配置

2. 项目实训环境准备

一台防火墙 SecPath F100-C，两台 PC。

3. 项目主要实训步骤

（1）PCA 和 PCB 按照要求连接 LNS。

（2）防火墙基本配置。

配置防火墙名称：

```
[H3C]sysname LNS
```

把 E2/0 接口加入 untrust 区域：

```
[LNS]firewall zone untrust
[LNS-zone-untrust]add int e2/0
```

设置防火墙默认规则为 permit：

```
[LNS]firewall packet-filter default permit
```

（3）LNS 的配置。

① 使能 L2TP：

```
[LNS]l2tp enable
```

② h3c.com 域的配置：

```
[LNS]domain h3c.com
New Domain added.
[LNS-isp-h3c.com]access-limit disable
[LNS-isp-h3c.com]state active
[LNS-isp-h3c.com]ip pool 0 192.168.0.1 192.168.0.253
```

③ 163.com 域的配置：

```
[LNS]domain 163.com
New Domain added.
[LNS-isp-163.com]access-limit disable
[LNS-isp-163.com]state active
[LNS-isp-163.com]ip pool 1 192.168.1.1 192.168.1.253
```

④ 配置 pca，服务类型为 ppp：

```
[LNS]local-user pca
New local user added.
[LNS-luser-pca]password simple pca
[LNS-luser-pca]service-type ppp
```

⑤ 配置 pcb，服务类型为 ppp：

```
[LNS]local-user pcb
New local user added.
[LNS-luser-pcb] password simple pcb
[LNS-luser-pcb]service-type ppp
```

⑥ 建立 L2TP 组 1，供 h3c.com 域使用，使用隧道认证字：

```
[LNS]l2tp-group 1
[LNS-l2tp1]allow l2tp virtual-template 0 remote h3c domain h3c.com
[LNS-l2tp1]tunnel authentication
[LNS-l2tp1]tunnel password simple h3c.com
```

⑦ 建立 L2TP 组 2，供 163.com 域使用，使用隧道认证字：

```
[LNS]l2tp-group 2
[LNS-l2tp2]allow l2tp virtual-template 1 remote 163 domain 163.com
[LNS-l2tp2]tunnel authentication
[LNS-l2tp2]tunnel password simple 163.com
```

⑧ 建立虚模板 0，供 h3c.com 域使用：

```
[LNS]int Virtual-Template 0
[LNS-Virtual-Template0]ppp authentication-mode chap domain h3c.com
[LNS-Virtual-Template0]remote address pool 0
[LNS-Virtual-Template0]ip addr 192.168.0.254 24
```

⑨ 建立虚模板 1，供 163.com 域使用：

```
[LNS]int Virtual-Template 1
```

```
[LNS-Virtual-Template1]ppp authentication-mode pap domain 163.com
[LNS-Virtual-Template1]remote address pool 1
[LNS-Virtual-Template1]ip address 192.168.1.254 255.255.255.0
```

⑩ 配置接口 IP 地址：

```
[LNS-Ethernet2/0]ip addr 1.1.1.1 24
```

把 Virtual-Template 0 和 Virtual-Template 1 接口加入 untrust 区域：

```
[LNS-zone-untrust]Virtual-Template 0
[LNS-zone-untrust]Virtual-Template 1
```

（4）iNode 拨号设置。

PCA 拨号设置，打开新建连接向导，如图 13-2 所示。

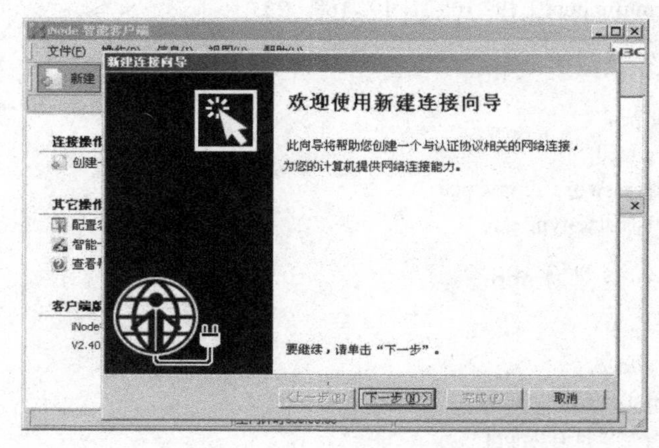

图 13-2 新建连接向导

选择认证协议“L2TP IPSEC VPN 协议”，如图 13-3 所示，单击“下一步”按钮，进行“VPN 链接基本设置”，输入“连接名”、“LNS 服务器 IP”、“登录用户名”和“登录密码”等信息，如图 13-4 所示。

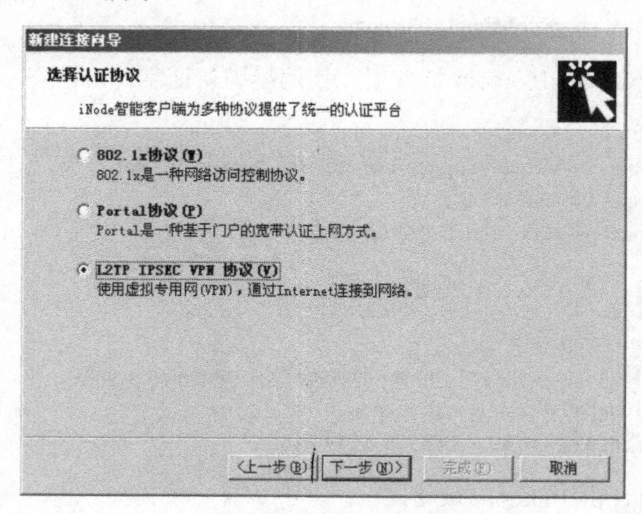

图 13-3 选择认证协议

单击“高级”按钮，进行 L2TP 设置，如图 13-5 所示；单击“完成”按钮，出现 h3c 连接图标，如图 13-6 所示，双击该图标，出现拨号连接对话框，如图 13-7 所示，单击“连接”按钮，连接成功，如图 13-8 所示。h3c 拨号状态如图 13-9 所示。

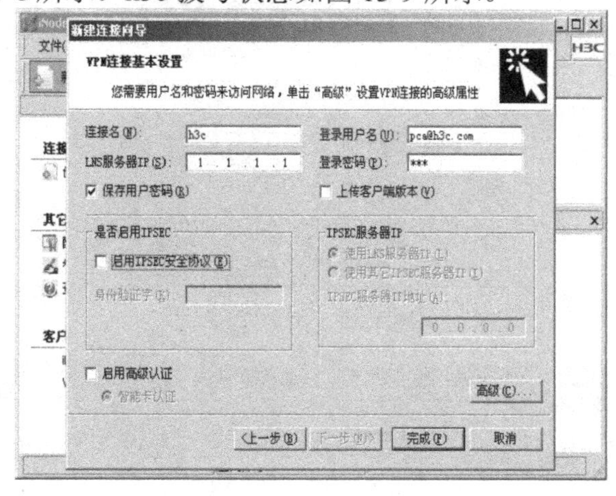

图 13-4　VPN 隧道基本设置

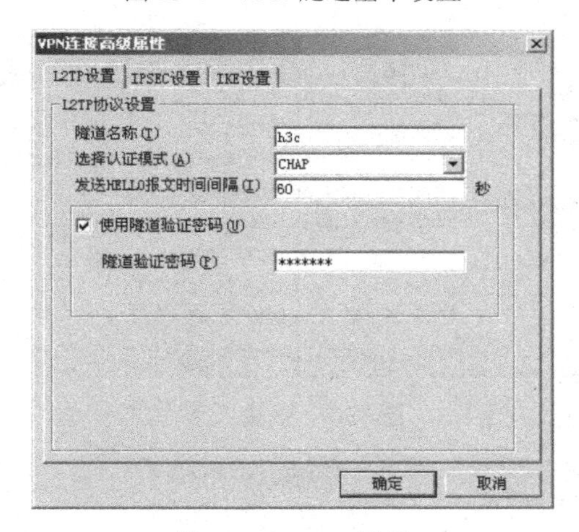

图 13-5　L2TP 设置

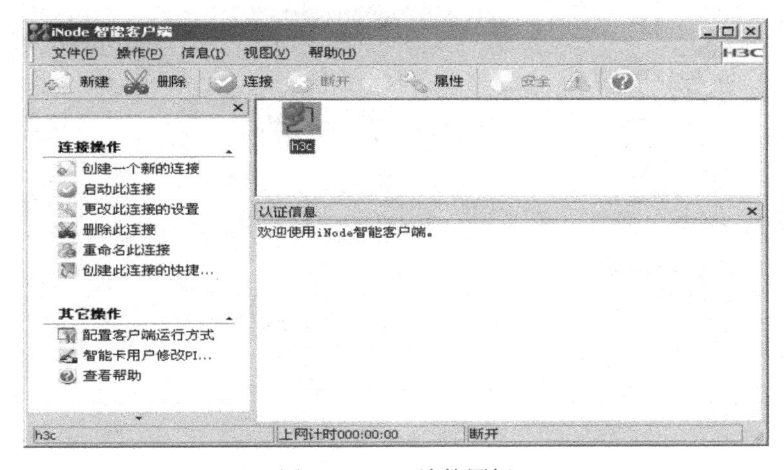

图 13-6　h3c 连接图标

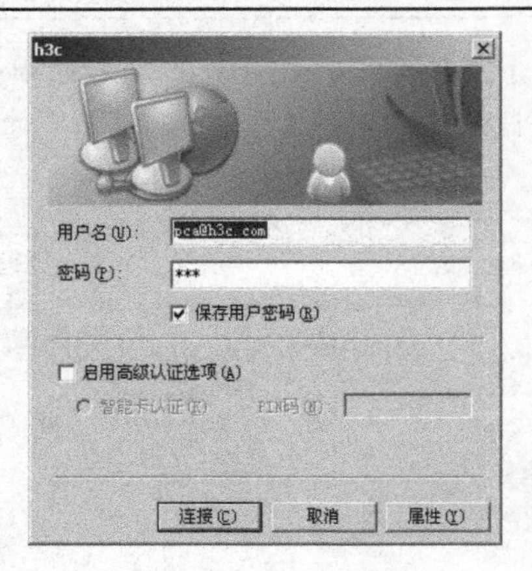

图 13-7 拨号连接

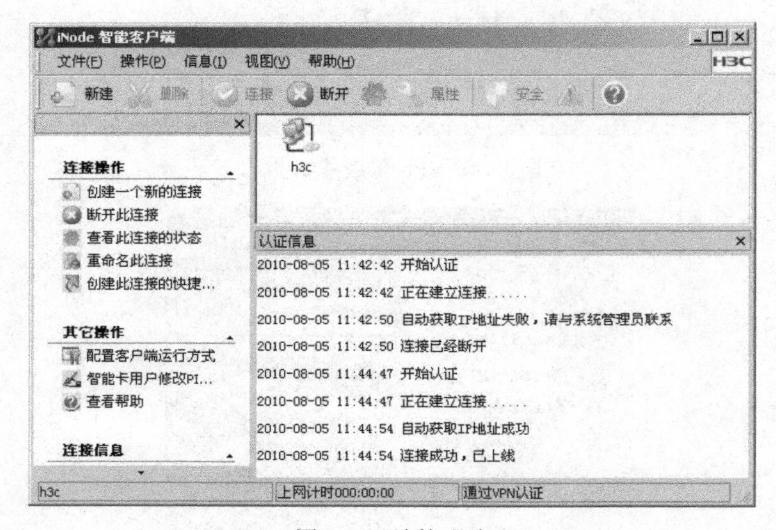

图 13-8 连接成功

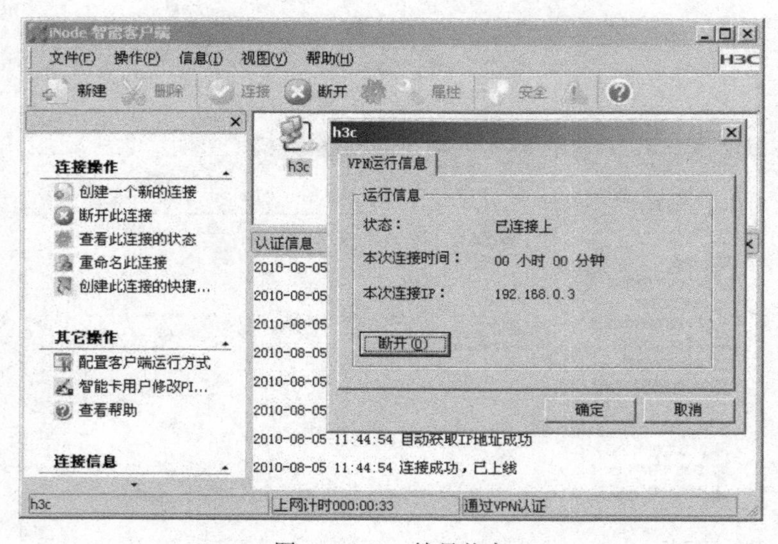

图 13-9 h3c 拨号状态

PCB 拨号设置过程与 PCA 过程类似，详见图 13-10～图 13-13 所示。

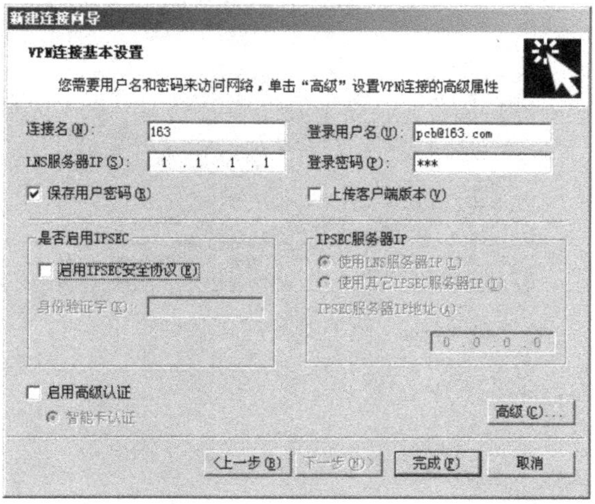

图 13-10　PCB VPN 基本设置

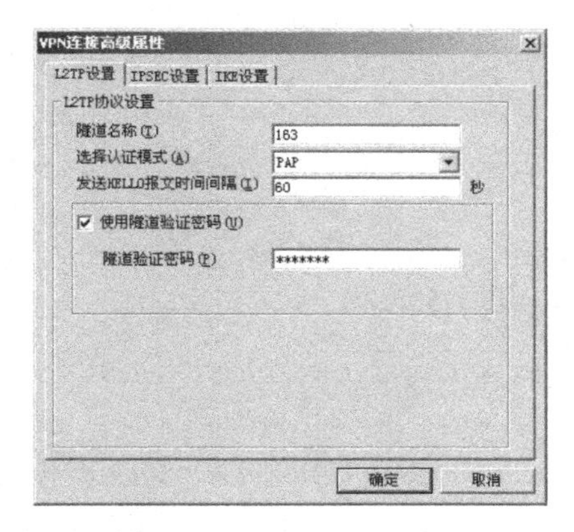

图 13-11　PCB L2TP 设置

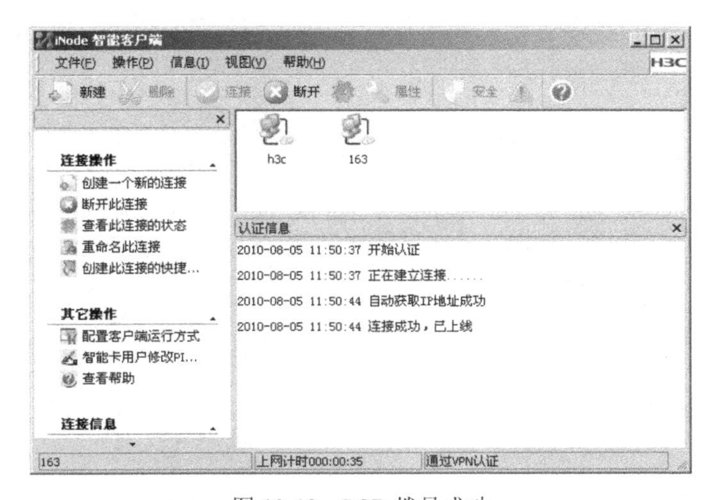

图 13-12　PCB 拨号成功

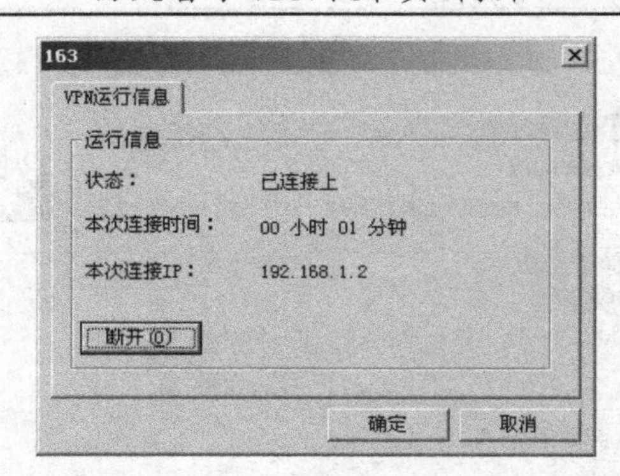

图 13-13　PCB 拨号成功后的状态

（5）查看 PCA 和 PCB 的拨号 IP 配置。

查看 PCA 的 IP：

```
Ethernet adapter 本地连接 2:
Connection-specific DNS Suffix  . :
IP Address. . . . . . . . . . . . . . : 192.168.0.3
Subnet Mask . . . . . . . . . . . . : 255.255.255.255
Default Gateway . . . . . . . . . : 192.168.0.3
```

查看 PCB 的 IP：

```
Ethernet adapter 本地连接 2:
Connection-specific DNS Suffix  . :
IP Address. . . . . . . . . . . . . . : 192.168.1.2
Subnet Mask . . . . . . . . . . . . : 255.255.255.255
Default Gateway . . . . . . . . . : 192.168.1.2
```

13.4　项目总结与提高

（1）写出主要项目实施规划、步骤与实训所得的主要结论。

（2）熟悉 L2TP 多域接入功能配置关键点。

综合项目四　GRE Over IPSec + OSPF 功能的配置

1．项目提出

某公司的一台防火墙作为总部网络的出口路由器，对 2 个分支提供 GRE Over IPSec 的接入，另外两台防火墙分别是 2 个企业分支网络的出口路由器，通过 GRE Over IPSec 方式接入到总部。总部与各个分支在 GRE 隧道上启动 OSPF 路由协议，传送总部和分支的各个路由，该配置实际使用较多，既可以运行 OSPF 等 IGP，又能对所有总部与分支之间的流量进行加密，该应用的弊端在于分支之间的流量需要经过总部转发。

2．项目分析

2.1　项目实训目的

掌握 H3C GRE Over IPSec + OSPF 功能的配置。

2.2　项目实现功能

实现三地机构的私网互通。

2.3　项目主要应用的技术介绍

IPSec（IP Security）协议族是 IETF 制定的一系列协议，它为 IP 数据报提供了高质量的、可互操作的、基于密码学的安全性。特定的通信方之间在 IP 层通过加密与数据源验证等方式，来保证数据报在网络上传输时的私有性、完整性、真实性和防重放。

GRE 协议是对某些网络层协议的数据报进行封装，使这些被封装的数据报能够在另一个网络层协议中传输。GRE 是 VPN 的第三层隧道协议，在协议层之间采用了一种被称之为 Tunnel 的技术。Tunnel 是一个虚拟的点对点的连接，在实际中可以看成仅支持点对点连接的虚拟接口，这个接口提供了一条通路使封装的数据报能够在这个通路上传输，并且在一个 Tunnel 的两端分别对数据报进行封装及解封装。

通常情况下，IPSec 不能传输路由协议，如 RIP 和 OSPF；或者非 IP 数据流，如 IPX（Internetwork Packet Exchange）和 AppleTalk。这样，如果要在 IPSec 构建的 VPN 网络上传输这些数据就必须借助于 GRE 协议，对路由协议报文等进行封装，使其成为 IPsec 可以处理的 IP 报文，这样就可以在 IPSec VPN 网络中实现不同的网络的路由。

H3C GRE Over IPSec + OSPF 功能适合较为大型的网络总部与分支机构之间，保证了所有的数据，包括路由信息在内的所有报文都能够得到保护。适用场合包含以下两种：总部与分支机构跨越 Internet 互联和总部与分支机构之间的路由协议为动态路由协议。

3．项目实施

3.1 项目拓扑图

GRE Over IPSec + OSPF 拓扑如图 Z4-1 所示。

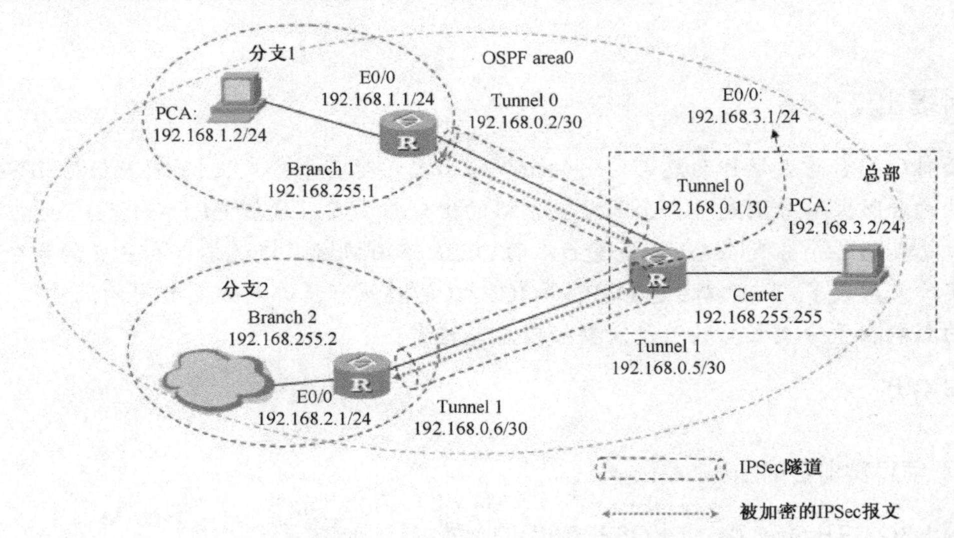

图 Z4-1 GRE Over IPSec + OSPF 拓扑

3.2 项目实训环境准备

三台防火墙 SecPath F100-C（或路由器），两台 PC。

3.3 项目主要实训步骤

（1）PCA 和 PCB 按照要求配置 IP 地址。

（2）防火墙基本配置。

配置防火墙名称：

总部：[H3C]sysname center

分支 1（branch 1）：[H3C]sysname bra

分支 2（branch 2）：[H3C]sysname brb

分别把 E1/0 接口加入 trust 区域：

```
[center]firewall zone trust
[center-zone-trust]add int e1/0
[bra]firewall zone   trust
[bra-zone-trust]add int e1/0
[brb]firewall zone   trust
[brb-zone-trust]add int e1/0
```

分别把 E2/0 接口加入 untrust 区域：

```
[center]firewall zone untrust
[center-zone-untrust]add int e2/0
```

```
[bra]firewall zone  untrust
[bra-zone-untrust]add int e2/0
[brb]firewall zone  untrust
[brb-zone-untrust]add int e2/0
```

设置防火墙默认规则为 permit：

```
[center]firewall packet-filter default permit
[bra]firewall packet-filter default permit
[brb]firewall packet-filter default permit
```

（3）center 的配置。

① OSPF 的 Router ID：

```
[center]router id 192.168.255.255
```

② 创建与分支 1 的 IKE Peer，根据实际需要可以采用野蛮模式和 NAT 穿越：

```
[center]ike peer bra
[center-ike-peer-bra]pre-shared-key test
[center-ike-peer-bra]remote-address 1.0.0.1
[center-ike-peer-bra]local-address 1.0.0.254
[center-ike-peer-bra]exchange-mode aggressive
```

③ 创建与分支 2 的 IKE Peer，根据实际需要可以采用野蛮模式和 NAT 穿越：

```
[center]ike peer brb
[center-ike-peer-brb]pre-shared-key test
[center-ike-peer-brb]remote-address 1.0.0.2
[center-ike-peer-brb]local-address 1.0.0.254
[center-ike-peer-brb]exchange-mode aggressive
```

④ 建立 IPSec 提议（这里采用传输模式，也可以使用隧道模式）：

```
[center]ipsec proposal default
[center-ipsec-proposal-default]encapsulation-mode transport
```

⑤ 建立 IPSec 策略 br，序号 10，用于与分支 1 的 GRE 连接，使用 ISAKMP 方式：

```
[center]ipsec policy br 10 isakmp
[center-ipsec-policy-isakmp-br-10]security acl 3000
[center-ipsec-policy-isakmp-br-10]ike-peer bra
[center-ipsec-policy-isakmp-br-10]proposal default
```

⑥ 建立 IPSec 策略 br，序号 20，用于与分支 2 的 GRE 连接，使用 ISAKMP 方式：

```
[center]ipsec policy br 20 isakmp
[center-ipsec-policy-isakmp-br-20]security acl 3001
[center-ipsec-policy-isakmp-br-20]ike-peer brb
[center-ipsec-policy-isakmp-br-20]proposal default
```

⑦ ACL 3000，精确匹配总部路由器和分支 1 路由器的出口地址：

```
[center]acl number 3000
[center-acl-adv-3000]rule 0 permit gre source 1.0.0.254 0 destination 1.0.0.1 0
```

⑧ ACL 3001，精确匹配总部路由器和分支 2 路由器的出口地址：

```
[center]acl number 3001
[center-acl-adv-3001]rule 0 permit gre source 1.0.0.254 0 destination 1.0.0.2 0
```

⑨ 用于 Router ID 的环回地址：

```
[center-LoopBack0]ip addr 192.168.255.255 32
```

⑩ 配置总部外网出口 IP，并且绑定 IPSec 策略 branch：

```
[center-Ethernet2/0]ip addr 1.0.0.254 24
[center-Ethernet2/0]ipsec policy br
```

⑪ 公司总部内网接口地址：

```
[center-Ethernet1/0]ip addr 192.168.3.1 24
```

用于与分支 1 建立 GRE 连接的隧道接口：

```
[center]int Tunnel 0
[center-Tunnel0]ip addr 192.168.0.1 30
[center-Tunnel0]source e2/0
[center-Tunnel0]destination 1.0.0.1
```

用于与分支 2 建立 GRE 连接的隧道接口：

```
[center]int Tunnel 1
[center-Tunnel1]ip addr 192.168.0.5 30
[center-Tunnel1]source e2/0
[center-Tunnel1]destination 1.0.0.2
```

⑫ OSPF 配置，在 AREA 0 中使能所有配置公司内网地址的接口，不使能 e2/0（总部出口）：

```
[center]ospf 1
[center-ospf-1]area 0.0.0.0
[center-ospf-1-area-0.0.0.0]network 192.168.3.0 0.0.0.255
[center-ospf-1-area-0.0.0.0]network 192.168.255.255 0.0.0.0
[center-ospf-1-area-0.0.0.0]network 192.168.0.0 0.0.0.3
[center-ospf-1-area-0.0.0.0]network 192.168.0.4 0.0.0.3
```

⑬ 把 tunnel 0 和 tunnel 1 加入 untrust 区域：

```
[center]firewall zone untrust
[center-zone-untrust]add int tunnel 0
[center-zone-untrust]add int tunnel 1
```

（4）bra 的配置。

① OSPF 的 Router ID：

```
[bra]router id 192.168.255.1
```

② 连接总部的 IKE Peer，须与总部配置保持一致：

```
[bra]ike peer center
```

```
[bra-ike-peer-center]pre-shared-key test
[bra-ike-peer-center]remote-address 1.0.0.254
[bra-ike-peer-center]local-address 1.0.0.1
[bra-ike-peer-center]exchange-mode aggressive
```

③ IPSec 提议，也需要与总部配置一致：

```
[bra]ipsec proposal default
[bra-ipsec-proposal-default]encapsulation-mode transport
```

④ IPSec 策略配置：

```
[bra]ipsec policy center 1 isakmp
[bra-ipsec-policy-isakmp-center-1]security acl 3000
[bra-ipsec-policy-isakmp-center-1]ike-peer center
[bra-ipsec-policy-isakmp-center-1]proposal default
```

⑤ ACL 3000，需要与总部路由器的 ACL 3000 互为镜像：

```
[bra]acl number 3000
[bra-acl-adv-3000]rule 0 permit gre source 1.0.0.1 0 destination 1.0.0.254 0
```

⑥ 用于 Router ID 的环回口：

```
[bra-LoopBack0]ip addr 192.168.255.1 32
```

分支 1 外网出接口：

```
[bra-Ethernet2/0]ip addr 1.0.0.1 24
[bra-Ethernet2/0]ipsec policy center
```

分支 1 内网地址：

```
[bra-Ethernet1/0]ip addr 192.168.1.1 24
```

⑦ 用于连接总部的 GRE 隧道接口：

```
[bra]int Tunnel 0
[bra-Tunnel0]ip addr 192.168.0.2 30
[bra-Tunnel0]source e2/0
[bra-Tunnel0]destination 1.0.0.254
```

⑧ OSPF 进程 1，在 AREA 0 使能各个配置私网地址的接口，不使能 e2/0（外网出口）：

```
[bra]ospf 1
[bra-ospf-1]area 0.0.0.0
[bra-ospf-1-area-0.0.0.0]network 192.168.255.1 0.0.0.0
[bra-ospf-1-area-0.0.0.0]network 192.168.0.0 0.0.0.3
[bra-ospf-1-area-0.0.0.0]network 192.168.1.0 0.0.0.255
```

⑨ 把 tunnel 0 加入 untrust 区域：

```
[bra]firewall zone untrust
[bra-zone-untrust]add int tunnel 0
```

（5）brb 的配置。

① OSPF 的 Router ID：

```
[bra]router id 192.168.255.2
```

② 连接总部的 IKE Peer，须与总部配置保持一致：

```
[brb]ike peer center
[brb-ike-peer-center]pre-shared-key test
[brb-ike-peer-center]remote-address 1.0.0.254
[brb-ike-peer-center]local-address 1.0.0.2
[brb-ike-peer-center]exchange-mode aggressive
```

③ IPSec 提议，也需要与总部配置一致：

```
[brb]ipsec proposal default
[brb-ipsec-proposal-default]encapsulation-mode transport
```

④ IPSec 策略配置：

```
[brb]ipsec policy center 1 isakmp
[brb-ipsec-policy-isakmp-center-1]security acl 3001
[brb-ipsec-policy-isakmp-center-1]ike-peer center
[brb-ipsec-policy-isakmp-center-1]proposal default
```

⑤ ACL 3001，需要与总部路由器的 ACL 3001 互为镜像：

```
[brb]acl number 3001
[brb-acl-adv-3001]rule 0 permit gre source 1.0.0.2 0 destination 1.0.0.254 0
```

⑥ 用于 Router ID 的环回口：

```
[brb-LoopBack0]ip addr 192.168.255.2 32
```

分支 2 外网出接口：

```
[brb-Ethernet2/0]ip addr 1.0.0.2 24
[brb-Ethernet2/0]ipsec policy center
```

分支 2 内网地址：

```
[brb-Ethernet1/0]ip addr 192.168.2.1 24
```

⑦ 用于连接总部的 GRE 隧道接口：

```
[brb]int Tunnel 1
[brb-Tunnel1]ip addr 192.168.0.6 30
[brb-Tunnel1]source e2/0
[brb-Tunnel1]destination 1.0.0.254
```

⑧ OSPF 进程 1，在 AREA 0 使能各个配置私网地址的接口，不使能 e2/0（外网出口）：

```
[brb]ospf 1
[brb-ospf-1]area 0.0.0.0
[brb-ospf-1-area-0.0.0.0]network 192.168.255.2 0.0.0.0
```

```
[brb-ospf-1-area-0.0.0.0]network 192.168.0.4 0.0.0.3
[brb-ospf-1-area-0.0.0.0]network 192.168.2.0 0.0.0.255
```

⑨ 把 tunnel 1 加入 untrust 区域：

```
[brb]firewall zone untrust
[brb-zone-untrust]add int tunnel
```

（6）验证连通性。

分部一主机 PCA ping 总部主机 PCB：

```
Pinging 192.168.3.2 with 32 bytes of data:
Reply from 192.168.3.2: bytes=32 time=13ms TTL=126
Reply from 192.168.3.2: bytes=32 time=12ms TTL=126
Reply from 192.168.3.2: bytes=32 time=12ms TTL=126
Reply from 192.168.3.2: bytes=32 time=15ms TTL=126
Ping statistics for 192.168.3.2:
    Packets: Sent = 4, Received = 4, Lost = 0 (0% loss),
Approximate round trip times in milli-seconds:
    Minimum = 12ms, Maximum = 15ms, Average = 13ms
```

从 PCA ping PCB，可以 ping 通。

分部一主机 PCA ping 分部二主机 PCC（把 PCB 连接到分支二的设备上，并重新配置 IP）：

```
Pinging 192.168.2.2 with 32 bytes of data:
Reply from 192.168.2.2: bytes=32 time=22ms TTL=125
Reply from 192.168.2.2: bytes=32 time=33ms TTL=125
Reply from 192.168.2.2: bytes=32 time=26ms TTL=125
Reply from 192.168.2.2: bytes=32 time=28ms TTL=125
Ping statistics for 192.168.2.2:
    Packets: Sent = 4, Received = 4, Lost = 0 (0% loss),
Approximate round trip times in milli-seconds:
    Minimum = 22ms, Maximum = 33ms, Average = 27ms
```

从 PCA ping PCC，可以 ping 通。

注意：

① tunnel 必须加入区域；

② 要定义 IKE Proposal、IKE Peer、IPSec Proposal 和 IPSec Policy；

③ 注意上述配置中只有 IPSec Policy 配置需要引用 IPSec Proposal 和 IKE Peer，其余配置不相干；

④ 将定义好的 IPSec Policy 绑定到指定的出接口。

4. 项目总结与提高

（1）写出主要项目实施规划、步骤与实训所得的主要结论。

（2）通过复习讨论与项目的仿真实训，能够综合应用 GRE Over IPSec 技术和典型的动态路由技术。动态路由协议可考虑更换为 IS-IS 协议。

综合项目五　IPSec Over GRE + OSPF 功能的配置

1. 项目提出

某公司1台防火墙作为总部网络的出口路由器，对2个分支提供GRE的接入，另外两台防火墙分别是2个企业分支网络的出口路由器，通过GRE方式接入到总部。总部与各个分支在GRE隧道上启动OSPF路由协议，传送总部和分支的各个路由，总部和分支在GRE隧道上使用IPSec策略，对特定的流量进行加密，相比于GRE Over IPSec + OSPF配置上的不同体现在IPSec配置上；在转发流量上的不同，只对部分流量加密。

2. 项目分析

2.1 项目实训目的

掌握IPSec Over GRE + OSPF功能的配置。

2.2 项目实现功能

实现三地机构的私网互通。

2.3 项目主要应用的技术介绍

IPsec（IP Security）协议族是IETF制定的一系列协议，它为IP数据报提供了高质量的、可互操作的、基于密码学的安全性。特定的通信方之间在IP层通过加密与数据源验证等方式，来保证数据报在网络上传输时的私有性、完整性、真实性和防重放。

GRE协议是对某些网络层协议的数据报进行封装，使这些被封装的数据报能够在另一个网络层协议中传输。GRE是VPN的第三层隧道协议，在协议层之间采用了一种被称之为Tunnel的技术。Tunnel 是一个虚拟的点对点的连接，在实际中可以看成仅支持点对点连接的虚拟接口，这个接口提供了一条通路使封装的数据报能够在这个通路上传输，并且在一个Tunnel的两端分别对数据报进行封装及解封装。

单独配置基于预共享密钥的IPSec VPN，可以实现不同站点之间的网络互联，但是IPSec工作于网络层，是不能和NAT一起使用的，否则就会造成数据源和目的地址的混乱；而且不能形成内网之间的路由协议。这就需要将IPSec运行在GRE（tunnel）隧道之上，真实物理接口运行NAT进行网络地址转换，这就避免了IPSec VPN和NAT之间的冲突。使用GRE隧道的另外一个好处是可以在各个站点的隧道之间学习路由协议。GRE是通用路由封装协议，可以实现任意一种网络层协议在另一种网络层协议上的封装。

通常情况下，IPSec 不能传输路由协议，如 RIP 和 OSPF；或者非 IP 数据流，如 IPX（Internetwork Packet Exchange）和AppleTalk。这样，如果要在IPSec构建的VPN网络上传输这些数据就必须借助于GRE协议，对路由协议报文等进行封装，使其成为IPSec可以处理的IP报文，这样就可以在IPSec VPN网络中实现不同的网络的路由。

IPSec Over GRE + OSPF 功能适合较为大型的网络中总部与分支机构之间，保证了所有的数据，包括路由信息在内的所有报文都能够得到保护。适用场合包含以下两种：总部与分支机构跨越 Internet 互联和总部与分支机构之间的路由协议为动态路由协议。

3. 项目实施

3.1 项目拓扑图

IPSec Over GRE + OSPF 拓扑如图 Z5-1 所示。

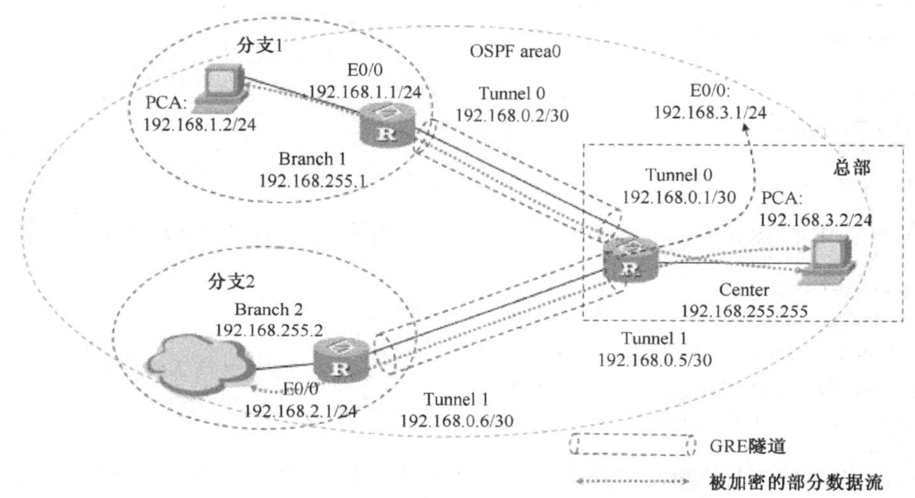

图 Z5-1 IPSec Over GRE + OSPF 拓扑

3.2 项目实训环境准备

三台防火墙 SecPath F100-C（或路由器），2 台 PC。

3.3 项目主要实训步骤

（1）PCA 和 PCB 按照要求配置 IP 地址。

（2）防火墙基本配置。

配置防火墙名称：

```
总部：[H3C]sysname center
分支 1（branch 1）：[H3C]sysname bra
分支 2（branch 2）：[H3C]sysname brb
```

分别把 E1/0 接口加入 trust 区域：

```
[center]firewall zone trust
[center-zone-trust]add int e1/0
[bra]firewall zone   trust
[bra-zone-trust]add int e1/0
[brb]firewall zone   trust
[brb-zone-trust]add int e1/0
```

分别把 E2/0 接口加入 untrust 区域：

```
[center]firewall zone untrust
[center-zone-untrust]add int e2/0
[bra]firewall zone  untrust
[bra-zone-untrust]add int e2/0
[brb]firewall zone  untrust
[brb-zone-untrust]add int e2/0
```

设置防火墙默认规则为 permit：

```
[center]firewall packet-filter default permit
[bra]firewall packet-filter default permit
[brb]firewall packet-filter default permit
```

（3）center 的配置。

OSPF 的 Router ID：

```
[center]router id 192.168.255.255
```

创建与分支 1 的 IKE Peer，根据实际需要可以采用野蛮模式和 NAT 穿越：

```
[center]ike peer bra
[center-ike-peer-bra]pre-shared-key test
[center-ike-peer-bra]remote-address 192.168.0.2
[center-ike-peer-bra]local-address 192.168.0.1
[center-ike-peer-bra]exchange-mode aggressive
```

创建与分支 2 的 IKE Peer，根据实际需要可以采用野蛮模式和 NAT 穿越：

```
[center]ike peer brb
[center-ike-peer-brb]pre-shared-key test
[center-ike-peer-brb]remote-address 192.168.0.6
[center-ike-peer-brb]local-address 192.168.0.5
[center-ike-peer-brb]exchange-mode aggressive
```

建立 IPSec 提议（这里采用传输模式，也可以使用隧道模式）：

```
[center]ipsec proposal default
[center-ipsec-proposal-default]encapsulation-mode transport
```

建立 IPSec 策略 bra，用于与分支 1 的 GRE 连接，使用 ISAKMP 方式：

```
[center]ipsec policy bra 1 isakmp
[center-ipsec-policy-isakmp-bra-1]security acl 3000
[center-ipsec-policy-isakmp-bra-1]ike-peer bra
[center-ipsec-policy-isakmp-bra-1]proposal default
```

建立 IPSec 策略 brb，用于与分支 2 的 GRE 连接，使用 ISAKMP 方式：

```
[center]ipsec policy brb 1 isakmp
[center-ipsec-policy-isakmp-brb-1]security acl 3001
[center-ipsec-policy-isakmp-brb-1]ike-peer brb
[center-ipsec-policy-isakmp-brb-1]proposal default
```

ACL 3000，精确匹配总部路由器和分支 1 路由器的出口地址：

```
[center]acl number 3000
[center-acl-adv-3000]rule 0 permit ip source 192.168.3.0 0.0.0.255 destination 192.168.1.0 0.0.0.255
```

ACL 3001，精确匹配总部路由器和分支 2 路由器的出口地址：

```
[center]acl number 3001
[center-acl-adv-3001]rule 0 permit ip source 192.168.3.0 0.0.0.255 destination 192.168.2.0 0.0.0.255
```

用于 Router ID 的环回地址：

```
[center-LoopBack0]ip addr 192.168.255.255 32
```

配置总部外网出口 IP：

```
[center-Ethernet2/0]ip addr 1.0.0.254 24
```

公司总部内网接口地址：

```
[center-Ethernet1/0]ip addr 192.168.3.1 24
```

用于与分支 1 建立 GRE 连接的隧道接口，并且绑定 IPSec 策略 branch：

```
[center]int Tunnel 0
[center-Tunnel0]ip addr 192.168.0.1 30
[center-Tunnel0]source e2/0
[center-Tunnel0]destination 1.0.0.1
[center-Tunnel0]ipsec policy bra
```

用于与分支 2 建立 GRE 连接的隧道接口，并且绑定 IPSec 策略 branch：

```
[center]int Tunnel 1
[center-Tunnel1]ip addr 192.168.0.5 30
[center-Tunnel1]source e2/0
[center-Tunnel1]destination 1.0.0.2
[center-Tunnel1]ipsec policy brb
```

OSPF 配置，在 AREA 0 中使能所有配置公司内网地址的接口，不使能 e2/0（总部出口）：

```
[center]ospf 1
[center-ospf-1]area 0.0.0.0
[center-ospf-1-area-0.0.0.0]network 192.168.3.0 0.0.0.255
[center-ospf-1-area-0.0.0.0]network 192.168.255.255 0.0.0.0
[center-ospf-1-area-0.0.0.0]network 192.168.0.0 0.0.0.3
[center-ospf-1-area-0.0.0.0]network 192.168.0.4 0.0.0.3
```

把 tunnel 0 和 tunnel 1 加入 untrust 区域：

```
[center]firewall zone untrust
[center-zone-untrust]add int tunnel 0
[center-zone-untrust]add int tunnel 1
```

（4）bra 的配置。

OSPF 的 Router ID：

```
[bra]router id 192.168.255.1
```

连接总部的 IKE Peer，须与总部配置保持一致：

```
[bra]ike peer center
[bra-ike-peer-center]pre-shared-key test
[bra-ike-peer-center]remote-address 192.168.0.1
[bra-ike-peer-center]local-address 192.168.0.2
[bra-ike-peer-center]exchange-mode aggressive
```

IPSec 提议，也需要与总部配置一致：

```
[bra]ipsec proposal default
[bra-ipsec-proposal-default]encapsulation-mode transport
```

IPSec 策略配置：

```
[bra]ipsec policy center 1 isakmp
[bra-ipsec-policy-isakmp-center-1]security acl 3000
[bra-ipsec-policy-isakmp-center-1]ike-peer center
[bra-ipsec-policy-isakmp-center-1]proposal default
```

ACL 3000，需要与总部路由器的 ACL 3000 互为镜像：

```
[bra]acl number 3000
[bra-acl-adv-3000]rule 0 permit ip source 192.168.1.0 0.0.0.255 destination 192.168.3.0 0.0.0.255
```

用于 Router ID 的环回口：

```
[bra-LoopBack0]ip addr 192.168.255.1 32
```

分支 1 外网出接口：

```
[bra-Ethernet2/0]ip addr 1.0.0.1 24
```

分支 1 内网地址：

```
[bra-Ethernet1/0]ip addr 192.168.1.1 24
```

用于连接总部的 GRE 隧道接口：

```
[bra]int Tunnel 0
[bra-Tunnel0]ip addr 192.168.0.2 30
[bra-Tunnel0]source e2/0
[bra-Tunnel0]destination 1.0.0.254
[bra-Tunnel0]ipsec policy center
```

OSPF 进程 1，在 AREA 0 使能各个配置私网地址的接口，不使能 e2/0（外网出口）：

```
[bra]ospf 1
[bra-ospf-1]area 0.0.0.0
[bra-ospf-1-area-0.0.0.0]network 192.168.255.1 0.0.0.0
[bra-ospf-1-area-0.0.0.0]network 192.168.0.0 0.0.0.3
[bra-ospf-1-area-0.0.0.0]network 192.168.1.0 0.0.0.255
```

把 tunnel 0 加入 untrust 区域：

```
[bra]firewall zone untrust
[bra-zone-untrust]add int tunnel 0
```

（5）brb 的配置。

OSPF 的 Router ID：

```
[bra]router id 192.168.255.2
```

连接总部的 IKE Peer，须与总部配置保持一致：

```
[brb]ike peer center
[brb-ike-peer-center]pre-shared-key test
[brb-ike-peer-center]remote-address 192.168.0.5
[brb-ike-peer-center]local-address 192.168.0.6
[brb-ike-peer-center]exchange-mode aggressive
```

IPSec 提议，也需要与总部配置一致：

```
[brb]ipsec proposal default
[brb-ipsec-proposal-default]encapsulation-mode transport
```

IPSec 策略配置：

```
[brb]ipsec policy center 1 isakmp
[brb-ipsec-policy-isakmp-center-1]security acl 3001
[brb-ipsec-policy-isakmp-center-1]ike-peer center
[brb-ipsec-policy-isakmp-center-1]proposal default
```

ACL 3001，需要与总部路由器的 ACL 3001 互为镜像：

```
[brb]acl number 3001
[brb-acl-adv-3001]rule 0 permit ip source 192.168.2.0 0.0.0.255 destination 192.168.3.0 0.0.0.255
```

用于 Router ID 的环回口：

```
[brb-LoopBack0]ip addr 192.168.255.2 32
```

分支 2 外网出接口：

```
[brb-Ethernet2/0]ip addr 1.0.0.2 24
```

分支 2 内网地址：

```
[brb-Ethernet1/0]ip addr 192.168.2.1 24
```

用于连接总部的 GRE 隧道接口：

```
[brb]int Tunnel 1
[brb-Tunnel1]ip addr 192.168.0.6 30
[brb-Tunnel1]source e2/0
[brb-Tunnel1]destination 1.0.0.254
[brb-Tunnel1]ipsec policy center
```

OSPF 进程 1，在 AREA 0 使能各个配置私网地址的接口，不使能 e2/0（外网出口）：

```
[brb]ospf 1
[brb-ospf-1]area 0.0.0.0
[brb-ospf-1-area-0.0.0.0]network 192.168.255.2 0.0.0.0
```

```
[brb-ospf-1-area-0.0.0.0]network 192.168.0.4 0.0.0.3
[brb-ospf-1-area-0.0.0.0]network 192.168.2.0 0.0.0.255
```

把 tunnel 1 加入 untrust 区域：

```
[brb]firewall zone untrust
[brb-zone-untrust]add int tunnel
```

（6）验证连通性。

分部一主机 PCA ping 总部主机 PCB：

```
Pinging 192.168.3.2 with 32 bytes of data:
Reply from 192.168.3.2: bytes=32 time=13ms TTL=126
Reply from 192.168.3.2: bytes=32 time=12ms TTL=126
Reply from 192.168.3.2: bytes=32 time=12ms TTL=126
Reply from 192.168.3.2: bytes=32 time=15ms TTL=126
Ping statistics for 192.168.3.2:
    Packets: Sent = 4, Received = 4, Lost = 0 (0% loss),
Approximate round trip times in milli-seconds:
    Minimum = 12ms, Maximum = 15ms, Average = 13ms
```

从 PCA ping PCB，可以 ping 通。

分部一主机 PCA ping 分部二主机 PCC（把 PCB 连接到分支二的设备上，并重新配置 IP）：

```
Pinging 192.168.2.2 with 32 bytes of data:
Reply from 192.168.2.2: bytes=32 time=22ms TTL=125
Reply from 192.168.2.2: bytes=32 time=33ms TTL=125
Reply from 192.168.2.2: bytes=32 time=26ms TTL=125
Reply from 192.168.2.2: bytes=32 time=28ms TTL=125
Ping statistics for 192.168.2.2:
    Packets: Sent = 4, Received = 4, Lost = 0 (0% loss),
Approximate round trip times in milli-seconds:
    Minimum = 22ms, Maximum = 33ms, Average = 27ms
```

从 PCA ping PCC，可以 ping 通。

注意：

① tunnel 必须加入区域；

② 要定义 IKE Proposal、IKE Peer、IPSec Proposal 和 IPSec Policy；

③ 注意上述配置中只有 IPSec Policy 配置需要引用 IPSec Proposal 和 IKE Peer，其余配置不相干；

④ 将定义好的 IPSec Policy 绑定到指定的出接口。

4. 项目总结与提高

（1）写出主要项目实施规划、步骤与实训所得的主要结论

（2）通过复习讨论与项目的仿真实训，能够综合应用 IPSec Over GRE 技术和典型的动态路由技术。动态路由协议可考虑更换为 IS-IS 协议。

项目实训报告的基本内容及要求

每门课程的所有实训项目的报告必须以课程为单位装订成册。

项目实训报告应体现预习、实训记录和实训报告，要求这三个过程在一个实训报告中完成。

1．项目实训预习

在实训前每位同学都需要对本次实训进行认真的预习，并写好预习报告，在预习报告中要写出实训目的、要求，需要用到的仪器设备、物品资料以及简要的实训步骤，形成一个操作提纲。对实训中的安全注意事项及可能出现的现象等做到心中有数，但这些不要求写在预习报告中。

设计性实训要求进入实训室前写出实训方案。

2．实训记录

学生开始实训时，应该将记录本放在近旁，将实训中所做的每一步操作、观察到的现象和所测得的数据及相关条件如实地记录下来。

实训记录中应有指导教师的签名。

3．实训总结

主要内容包括对实训数据、实训中的特殊现象、实训操作的成败、实训的关键点等内容进行整理、解释、分析总结，回答思考题，提出实训结论或提出自己的看法等。